孔铮桢 编著

ERSHIYI SHIJI SHEJI JICHU XINZHUZHANG
GAODENG YUANXIAO YISHU SHEJI ZHUANYE JIAOCAI

21 世纪设计基础新主张
高等院校艺术设计专业教材

陶瓷造型设计概论

国家一级出版社　西南师范大学出版社
全国百佳图书出版单位　XINAN SHIFAN DAXUE CHUBANSHE

图书在版编目(CIP)数据

陶瓷造型设计概论 / 孔铮桢编著. — 重庆：西南师范大学出版社，2011.9(2021.6重印)
ISBN 978-7-5621-5390-0

Ⅰ.①陶… Ⅱ.①孔… Ⅲ.①陶瓷-造型设计-概论
Ⅳ.①TQ174

中国版本图书馆CIP数据核字(2011)第133035号

出版发行：	地　　址：中国·重庆·西南大学校内
西南师范大学出版社	网　　址：www.xscbs.com
	邮　　编：400715

装帧设计：梅木子

经　　销：	制版：
新华书店	重庆海阔特数码分色彩印有限公司
	印刷：
	重庆长虹印务有限公司

编 著 者：孔铮桢
责任编辑：王　煤　徐庆兰
责任校对：杨炜蓉
幅面尺寸：210 mm×280 mm
印　　张：6.75
字　　数：210千字
版　　次：2011年9月第1版
印　　次：2021年6月第5次印刷
书　　号：ISBN 978-7-5621-5390-0
定　　价：55.00元

目　录

导　论　002

第一章　陶瓷造型的演变与传承　005
第一节　早期陶器的造型历史　005
第二节　早期瓷器的造型历史　009
第三节　唐代以后中国的瓷器造型历史　014

第二章　陶瓷造型与文化思想　023
第一节　中国传统思想对陶瓷造型的影响　023
第二节　西方传统思想对陶瓷造型的影响　029

第三章　陶瓷造型与经济生活　031
第一节　生活水平的影响　031
第二节　生活习惯的影响　031

第四章　陶瓷造型与工艺技术　035
第一节　烧造工艺的影响　035
第二节　材质特性的影响　035

第五章　陶瓷造型的审美表达　039
第一节　形式美　039
第二节　功能美　044
第三节　和谐美　046

第六章　陶瓷造型的艺术语言　051
第一节　日用陶瓷造型设计中的点、线、面　051
第二节　艺术陶瓷造型设计中的手捏、泥条与泥片　052

第七章　陶瓷造型设计的程序及方法　063
第一节　陶瓷造型设计的程序　063
第二节　陶瓷造型设计的方法　066

第八章　现代优秀陶瓷造型设计实例　075
第一节　英国皇家韦奇伍德陶瓷公司　075
第二节　荷兰皇家代尔夫特陶瓷公司　076
第三节　荷兰皇家蒂士拉马肯陶瓷公司　077
第四节　丹麦皇家哥本哈根陶瓷公司　079
第五节　芬兰阿拉比亚公司　080
第六节　瑞典皇家罗斯兰陶瓷公司　081
第七节　上海 spin(旋)陶瓷公司　082

结　语　083

附　图　085

导 论

中国人制作陶瓷的历史源远流长，自新石器时期开始，中国的长江流域和黄河流域便先后出现了风格多样的陶器文化，尤以河南仰韶和甘肃马家窑地区的彩陶文化最为突出。目前的研究表明，早期陶器是随着农业社会的出现而产生的，是原始人类在农耕生活出现后为了储存粮食、种子和食物而有意识创造的。因此，与其他艺术门类不同的是，陶瓷是一种比较特殊的文化形态，它之所以被创造出来，首先是为了满足人们在日常生活中的实用要求，换而言之，它是人类为实际生活需要而"造物"的产品；其次，在不断的发展中，它慢慢地融合多样的审美观念和制作技术，成为在不同审美要求下按照当时的审美规律进行创造的独特"造型"艺术；最终，陶瓷产品演变为同时具有物质和文化双重特征的独特艺术产品，即在注重"造物"实用性的同时，也重视"造型"的美观性和大众性。

根据目前普遍的看法，广义"造型"主要有两种含义：1.创造物体形态的活动；2.创造出来的物体的具体形态。而所谓"陶瓷造型"则是单指人们在创造陶瓷器物时赋予它的外在形态和样式，与一般意义上的广义"造型"有所差异，尤指人类创造出来的具有一定抽象特征的陶瓷器形。不过，从中国的历史发展角度来看，陶瓷却并不是第一种具有"造型"的艺术创造。就已有的考古资料来看，人类最早的造型活动开始于石器的制作。早期人类由于技术上的限制仅能进行石器造型的打制，这种器物的造型简单、偶发性较大、表面粗糙，不过却在"造型"中充分展现出其功能性。随后的新石器时期，磨制工艺逐渐成熟，因而，此时的石器造型整体连贯、轮廓清晰、外形线条柔和，具有一定的形态韵律美（图1）。石器造型的发展特征也直接影响了以后陶瓷艺术造型的产生和发展过程，俄罗斯艺术理论家卡冈在其《艺术形态学》一书中说过："艺术存在的最早形式正是从非艺术向艺术过渡的形式，它具有双重质的规定性和双重功能性。"[1]因此从陶瓷艺术的本质特征来认识，造型是第一性的，附着于其上的装饰则必然是第二性的，也就是说，造型在陶瓷创造的整体中是占主导地位的。因为只有当造型存在时，装饰才有可能附着。对于陶瓷器物而言，造型是装饰的基础和根本，陶瓷装饰则因其必须附着在现实的可触陶瓷表面而具有了一定的从属性。这一特性就决定了我们在进行陶瓷艺术创作时必须首先重视对陶瓷造型的研究，特别是对中国传统陶瓷造型研究，以此来深入探究当今审美观念下陶瓷艺术创作的方法。

目前已有的大量研究结果表明：从陶瓷造型产生之初，推动其发展演进的因素就不是单方面的。其中，占据首要地位的是不同历史时期中的生活水平、生活条件和生活方式；其次是当时的科学技术水平和人们熟练掌握了的工艺制作能力；第三则是不同时期人们的审美习尚与审美偏好。正如杨永善所说："在人类所创造的优秀陶瓷艺术作品中表现出来一种共性：这些作品都是基于生活的实际需要，同时也受情感的支配，依据食物存在与发展的规律，将功能与形式，技术与艺术，物质与精神完美地结合在一起。"[2]

---

[1] 莫·卡冈：《艺术形态学》，北京：生活·读书·新知三联书店，1986年版。

[2] 杨永善：《陶瓷造型艺术》，北京：高等教育出版社，2004年版，第1页。

图1 红衣灰陶簋 新石器时代

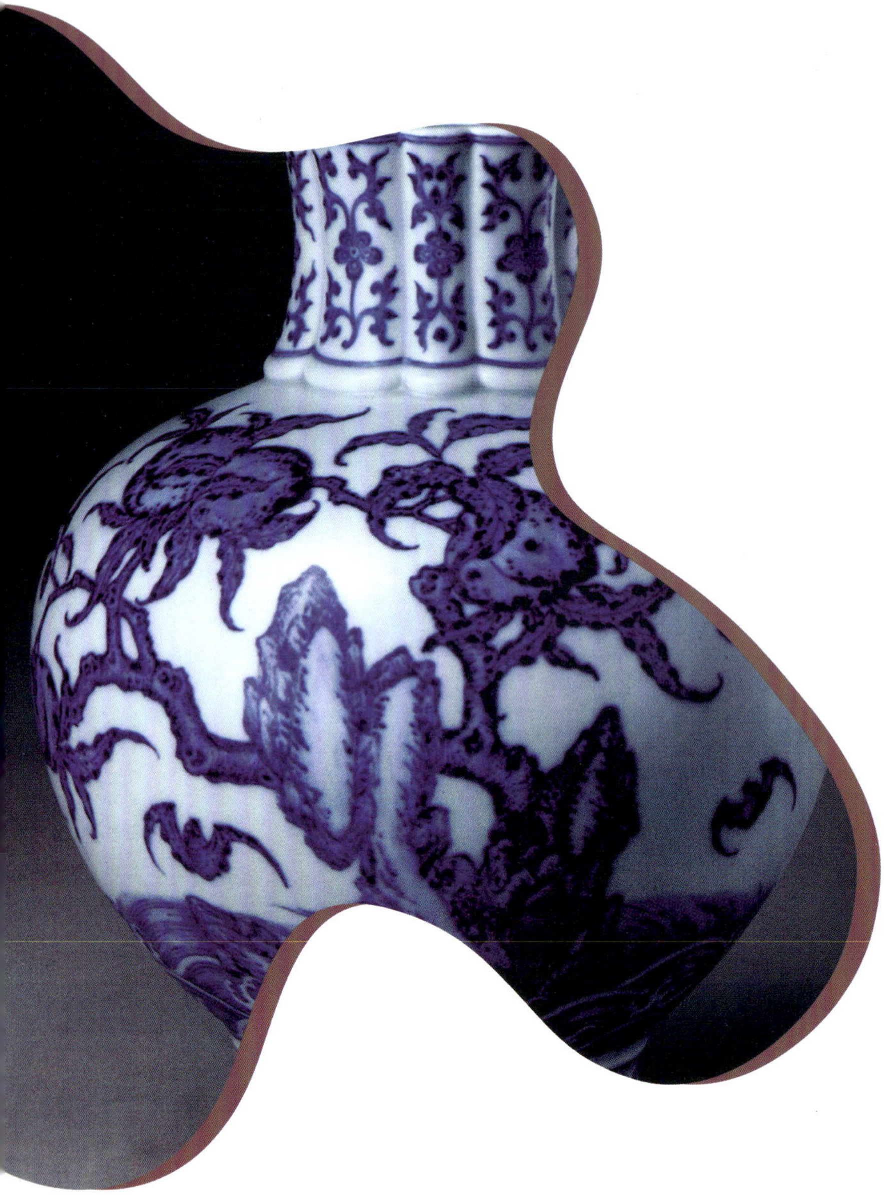

第一章　陶瓷造型的演变与传承

任何一种事物的产生和出现都不是一蹴而就的，陶瓷艺术也同样如此。早期人类在偶然的情况下发现泥土加水经火高温炙烤后可以变成坚硬的不易渗漏的新材质，从而出现了早期的陶器产品，同时也就出现了最早的陶瓷造型样式，成为陶器存在的最基本形式，如图 1-1。像这样通过人类有意识的行为将一种物质转变成另一种物质，将黏土从自然的状态转变成为有意味的人为状态，是人类文明发展史上十分重要的一步，也是陶器能够存在的决定性因素。

从物质和技术方面来看，陶瓷造型运用着有细微差异的材料和日新月异的技术制造而成，直观地展示着当时创造者对工艺材料的认识和他们对现有工艺技术的掌握情况，真实地表现出当时的科学技术水平；从造型艺术的角度来看，陶瓷艺术造型则包含着丰富的文化内涵，它是传统文化的一个重要组成部分，其发展与文化的发展须臾不可分离。因此，陶瓷造型艺术的产生、发展与变化的根源可从历史

图 1-1

角度进行研究，尤其是它们在中国的陶瓷艺术发展史中表现出的独特的时代性、科学性和审美观。

第一节　早期陶器的造型历史

从旧石器时代晚期开始，人类已经知道用掺水后的黏土塑造某些形象，如 1 万多年以前欧洲马格德林文化中的猛犸雕像就是最好的例证（图 1-2）。然而，影响陶器产生与发展的根本原因在于生活方式的改变。在原始采摘渔猎生活转变为农耕生活的过程中，人们迫切地需要一种存储器来保存种子和粮食，因此，原始人类最初发明制陶技术的时候着力于如何把陶器制作成型，以便解决实际生存中的需要，比如储存粮食、打水和盛水、烹饪饮食等等。同时，该时期属于陶器制作的初创阶段，原始社会时期陶器产品的制作成型技术还处在很幼稚的阶段，仅考虑"可用"、"适用"、"实用"的要素，无法顾及在已有的造型上有意识地添加附属装饰，即便在成型过程中留下一点有意味的痕迹，也属于偶然的效果，比如在中国长江流域早期陶器中常常会出现

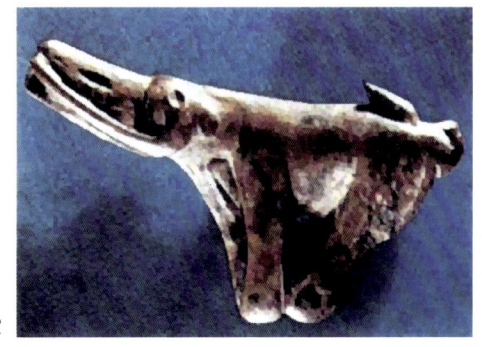

图 1-2

现在我们称为"绳纹"或"篮纹"的装饰纹样(图1-3),但这类纹样的出现最初仅仅是远古人类为了在成型的过程中避免陶拍对坯胎造成损伤,而在陶拍上有意识地缠绕麻绳或藤条,这些麻绳或藤条的痕迹形成的所谓的装饰纹样。这也说明造型在陶瓷创造中一开始便占据着比较重要的地位,装饰则是人类在获得了稳定的生活与强大的生产力之后建立在精神观念上,以优美的陶瓷造型为基础逐步完善起来的。

图1-3

陶器的产生与农业经济的发展紧密相联,农业的产生直接导致陶器的出现。目前已有的考古学资料表明:陶器的创造和发明无疑应归功于妇女,因为在性别分工的基础上,妇女是家里的主人,必然首先从事这些活动。作为日常生活中的器具,陶器由"家长"统一制作,为人们的生活提供方便,同时也满足人们一定的审美需要。因而,原始社会的陶器是当时人们生活和思想的一种特殊记录,它不仅反映出当时某些生活的情况,也透露出某些意识形态方面的信息,特别是人们朴素的审美特征,比如青海大通孙家寨出土的"人物舞蹈纹"彩陶盆,(图1-4)用看似抽象的形态真实地展现了部落成员手拉手在湖边跳舞祭祀神灵的场景,匀称美观的构图即使用今天的审美观念来看依然独具魅力。

图1-4

陶器造型在发展和演变过程中,不仅受"编制或木制的容器"影响,而且还受其他材料制成的器物造型影响。最早的陶器显然是模仿其他材料所做成的常见器物——如篮子、葫芦和皮袋的形状(图1-5),后来才发展成具有自身特点的器皿。在不断的发展中,人们所掌握的陶器制作方法逐渐增多,手捏、泥条盘筑、贴敷模制、慢轮成型都成为陶器成型的有效手段,随着这些造型手段日渐成熟,陶器的造型也慢慢丰富起来,从早期裴李岗文化中简单的碗、钵、壶、罐、鼎到仰韶文化中美观而实用的造型——杯、钵、碗、盆、罐、瓮、盂、瓶、甑、釜、灶、鼎、器盖和器座等,其中以马家窑文化的彩陶漩涡纹尖底瓶(图1-6)最为突出;从马家窑文化中数不胜数的各类瓶、罐造型到大汶口文化中强调曲线造型,

图1-5

图1-6 彩陶漩涡纹尖

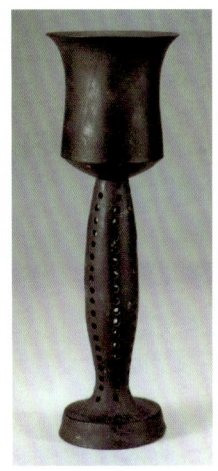

图1-7 蛋壳黑陶

图1-8

图1-9　图1-10

图1-11

胎壁厚度仅为0.5毫米~1毫米左右的蛋壳黑陶（图1-7）；从长江流域大溪文化、河姆渡文化和马家浜文化中形制复杂的各类灰陶、白陶、印纹硬陶（图1-8）到夏商周时期仿制青铜器造型的各类陶器造型（图1-9），在早期陶器造型发展的每一个阶段，始终都是以"实用性"为根本，兼以"美观性"为标准进行设计制作。

在早期陶器的生产中尤其难能可贵的是建筑陶的设计与制造，目前已知中国人使用建筑陶的历史可以追溯到商周时期。我国最早的建筑陶器是陶水管（图1-10），目前已发表的考古资料中最早的陶水管是公元前21世纪商代早期的。在之后的西周初期又逐渐创新出板瓦、筒瓦（图1-11）等建筑陶器。商周时期的建筑陶多采用泥条盘制和手制相结合的方法成型，然后再进行轮修，也有采用轮模兼制的。到了西周和春秋时期，则出现了在陶车上一次成型的方法。不过，无论发展到哪个阶段，中国的建筑陶在造型上始终坚持以单一的、纯粹的实用性为设计主题，而美观的要求则相对淡化，这一特征应当是由建筑陶与生俱来的实用性质所决定的。

在与中国原始社会差不多同时期的西方文明中，陶器的发明也使得当时的西方人创造出了一些独具地方特色的陶器造型模式。公元前6000年~公元前3000年，欧洲有希腊半岛的彩陶（图1-12）、巴尔干半岛的彩陶和纹陶、中欧线纹陶、西欧线纹陶和碗形陶、北欧漏斗颈陶。公元前3000年~公元前300年，欧洲出现了基克拉迪陶瓷和克里特陶瓷。希腊则出现了荷马时期几何纹陶瓶，古风时期东方风格陶瓶、黑像式和红像式陶瓶（图1-13）。而意大利出现了埃特鲁里亚赤土陶塑、罗马浮雕赤陶等。这些陶器造型大体上以实用型的罐、瓶、碗为主，装饰结构则相对较少，在大体形态上与中国同时期的陶器造型差别不大。

隋唐时期以后，陶器造型更加多元化，如唐代的三彩陶。这些陶器虽然种类繁多满足当时人们在葬礼中的需求，其造型多以动物、人物以及少量植物为模仿对象，其中包括住房、仓库、厕所、舂、假

007

图 1-12

图 1-13

图 1-14

图 1-15

图 1-16

山、橱柜（图 1-14）以及马车、牛车模型和天王武士、文吏、贵妇（图 1-15）、少妇、男僮、男装美女、侍从、牵马胡人、乐舞、骑马射猎、骑马武士，还有镇墓兽（图 1-16）、

图 1-17

马(图 1-17)、骆驼(图 1-18)、驴、牛、狮、虎、羊、狗、兔和鸡、鸭等，可以说包括了唐代社会生活的各个方面，是唐代社会习俗的直观反映。随着唐三彩造型生活化、模拟化和写实化发展的不断深入，到了明清时期，陶器在日常社会生活中的造型除少量日用生活器皿之外，主要表现为以动物或人物为雕塑形态的陈设品或陪葬用的明器。可以说，中国的陶器造型由早期的日常实用性逐渐向陈设审美性转变。

图 1-18

第二节 早期瓷器的造型历史

所谓早期瓷器是指自商周时期至秦汉两朝的瓷器产品。商周时期的瓷器被称为"原始瓷"，根据我国目前已经发掘的材料可知，大约在公元前16世纪的商代中期，我国古代劳动人民在烧制白陶器和印纹硬陶的实践中，在不断地改进原料选择与处理以及提高烧成温度和器表施釉的基础上，创造出了原始瓷器(图 1-19)。但此时的瓷器还不是真正意义上的瓷器，而是属于陶器向瓷器过渡阶段的产物，也可以说原始瓷还属于瓷器制造的低级阶段，因之而得名。在现有的考古资料中可见的原始瓷器造型主要有：敞口长颈、折肩深腹圆鼓、圈底尊，小口短领、圆肩或折肩、深腹圆鼓、圈底瓮，敛口、深腹、圈底罐或双耳罐，侈口平折沿、浅腹圈底盆，敛口浅腹假圈足钵，口微敛、浅盘喇叭座豆，敞口、顶圆鼓、圈足形握手器盖等，并有一些敛口沿外折、短领凸肩壶、敞口圆肩大尊、圈足簋和碗等。仅以商代来看，商代后期的原始瓷器物造型数量明显多于商代早中期，并且，这些造型体现出了更多的生活化实用趋势和独特的审美观念，尤其是对青铜器造型的模仿，也成为此阶段原始瓷器的造型特征。到西周和春秋战国时期，原始瓷器的造型种类和质量较之于商代有了很大的提高，尤其是春秋晚期，江浙一带的原始瓷器，在造型上与商代可谓一脉相承，但其胎质更为细腻，绝大多数器皿由原来的泥条盘筑法成型改变为轮制成型，因而器型日渐规整、胎壁减薄、厚薄均匀。其主要器型为敛口、深

图1-19

腹圆鼓、平底罐，敛口、扁圆腹、平底瓿，敛口、浅腹圆鼓、平底盂，大敞口平底碗和器盖等。

到了秦汉时期，原始瓷的发展与战国早、中期出现了巨大的差异。无论是胎、釉原料还是成型方式、装饰技巧都有所不同，大量的考古资料证明东汉时期的中国已经出现了真正意义上的瓷器。在浙江上虞、宁波、慈溪、永嘉等市县先后发现了汉代瓷窑的遗址；在河南洛阳中州路、烧沟、河北安平逯家庄、安徽亳县、湖南益阳、湖北当阳刘家冢子等东汉晚期墓葬和江苏高邮邵家沟汉代遗址中，都曾发现过瓷制品，其中尤以江西、浙江为最。因而，目前中国的考古学家普遍认为，至迟在东汉晚期开始，中国已有了实质意义上的瓷器生产技术(图1-20)。由原始瓷发展为真正意义上的瓷器，对于中国的陶瓷工艺而言是一个质的飞跃，至此，由于制瓷技术的日渐成熟，中国也成了世界上第一个能够大批量地制作瓷器的国家。烧成温度高的瓷器远比陶器更加坚固耐用、清洁美观，又远比青铜和漆器造价低廉，并且原材料的分布极广、蕴藏丰富，因而，瓷器一经

图1-20

图1-21

烧制成功，便迅速获得了广大民众的喜爱，成为人们日常生活中必不可少的实用品及欣赏品。但是作为刚从原始瓷进化而来的东汉晚期瓷器，无论在造型技术上还是装饰风格等方面，都不可避免地存在着许多与原始瓷相似的地方。此时，常见除碗、盘、盏、钵、盆、洗、钟、罍等传统器型以外，还出现了少量的砚、唾壶和五联罐(图1-21)等新器型。不过，即使是传统器型，外形也有了很大的改观，比如碗的造型在此时就出现了两种形式，一种口缘细薄、深

图1-22

图1-23

图1-24

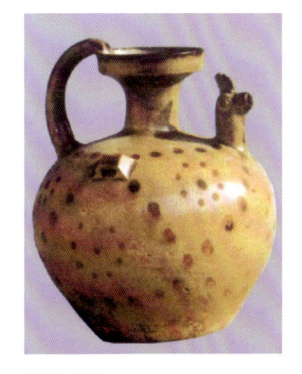

图1-25 　图1-26

腹平底、碗壁圆弧，就像被横切开来的半球形(图1-22)；另一种口缘微微内敛，上腹稍微鼓起，下腹弧向内收的平底碗(图1-23)。这两种形式的碗底均微微向内凹陷，且后者器型较小，类似于三国时期的碗形。正是因为有了基于传统立足革新的理念，也使得今天的考古学家们一致评价东汉时期中国的早期瓷器是从造型艺术到装饰手法，存在着原始瓷和印纹硬陶的明显痕迹，尚未形成自己特有的艺术风格，也说明它刚从原始瓷中脱胎而来，仅仅是迈出了头一步，恰恰是划时代的一步！

自公元220年开始，中国进入了相对动乱的三国两晋南北朝时期，在这360余年中，除西晋得到了短暂的统一之外，我国的南、北两方长期处于分裂和对峙的局面，尤其是北方地区，更是连年混战，民不聊生。因此，当时中国的制瓷产业相对而言集中于长江流域，比如以浙江的上虞、余姚、绍兴等地为代表的"越窑"(图1-24)，浙江南部温州地区的"瓯窑"(图1-25)，杭嘉湖平原地区的"德清窑"，浙江中部金华地区的"婺州窑"，江苏宜兴鼎蜀镇附近的"均山窑"均已开始生产成熟的青瓷产品；湖南、湖北、四川和江西地区自晋代起也纷纷开始设窑造瓷，其品种主要是仿造越窑的青瓷产品。根据考古调查，南朝时期这些窑口中生产的瓷器产品运销到福建、广东、江苏等省，出现了与越窑竞争的局面。总的说来，南朝各大窑厂中生产的瓷器品种主要是壶，尤以鸡头壶(图1-26)最具时代特色；同时罐、盘、碗、盂、虎子(图1-27)、烛台、油灯、谷仓(图1-28)、槅、盏托等同样具有时代特色。站在历史时代更迭演变的视角上看，三国时期的瓷器还是一种新兴的产品，因此，其造型和装饰基本上是承袭汉制，较多地吸取了陶器、青铜器和漆器的造型、装饰，各式罐和壶的形制与汉代的陶器及原始瓷相似，如宽沿兽足洗和腹部贴铺首的唾壶就是模仿汉代青铜器的样式，长方形的槅则与汉代漆器制品造型类似。西晋时，越窑和瓯窑已有了较为成熟的制瓷技巧，因而创造了扁壶、谷仓、把杯、蛙形水盂、熏炉(图1-29)等新造型，尤其是各类瓷塑(图1-30)的出现表明此时长江流域的瓷器生产已经进入了自由发展的阶段。在一定的社会审美观念影响下,越窑瓷器开始追求独特的形式美感,比如西晋时期的越窑,为了使器型更加稳重端庄,其瓷胎比前期稍厚,但为了避免由此而生的厚重感,工匠们有意识地将碗、碟一类器物的口沿做薄,把洗的唇口做成弧形内凹,将平唇钵的口缘和盘口壶的盘口外缘等部位,或者做成规整的直角线条,或者做成纤细的棱

图 1-27

图 1-28

图 1-29

图 1-30

图 1-31

线,从视觉上给人以轻巧的感受(图1-31)。因而,从此时期器物造型演变的过程中可以看出,六朝的瓷器造型发展趋势是越来越向实用性倾斜,以盘口壶为例(图1-32~图1-35),三国时期盘口壶的口部和底部都较小,上腹部特别大,重心全部聚集于上半部,倾倒内存物时十分费力,摆放时占据的平面空间也较大,而且还容易给人以不稳定的感觉。东晋以后,盘口壶的口部逐渐加大,颈部增高,腹部变得修长,各部位的比例日渐协调,造型曲线柔和,形态优美,并且,此时的盘口壶重心偏下,放置时十分平稳,使用时也较为省力。不难发现,六朝时期南朝的瓷器造型已经通过人为的努力,开始注重将造型的实用性与外在形式的审美性完美地结合在一起,是造型的实用性与审美性兼备的一个开端。

相对于发展较为迅速和成熟的南方窑口而言,北方的制瓷产业在六朝时期的发展可谓是缓慢了。目前已知的唯一北方青瓷产地是山东省淄博寨里窑,其生产的主要产品为碗、盘、缸,偶尔也生产一些比较精美的莲花瓣尊,虽然不及同时期的封氏墓仰覆莲花尊(图1-36),但也已具有相当高的艺术水平。纵观北方各省出土的北朝青瓷,在品种、形制和烧成工艺上,都存在着共同的时代特征,同时,又各具地方特色,表现为造型质朴庄重,实用性强。目前已知的北朝青瓷产品几乎全部属于日常生活用具,虽然技术仍不甚成熟,但独具一格,甚至看成是后来隋代青瓷器物造型的直接影响者。比如,北朝莲瓣罐有些带盖,有些无盖(图1-37),有三系、四系、六系和方系、圆系、条形系等区别,整体堆塑的丰肥莲瓣有八瓣或六瓣不等,这些细节装饰与器型巧妙结合后,打破了一般北朝瓷罐单调呆板的造型特征,取得了变化、优美的艺术效果,既有装饰性,又适于日常实用,表现出典型的地方风格,可谓是北朝最为成功的一类器物造型。

总的说来,自商周时期出现原始瓷器,到秦汉时期早期瓷器的生产,直至六朝时期青瓷和白瓷的相继烧造成功,中国的早期瓷器设计和生产均是站在日常实用的基础上日渐向独特的审美观念演变,在承继前朝造型经验的基础上也创造出了崭新的

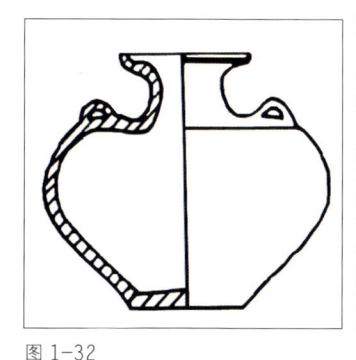

图 1-32 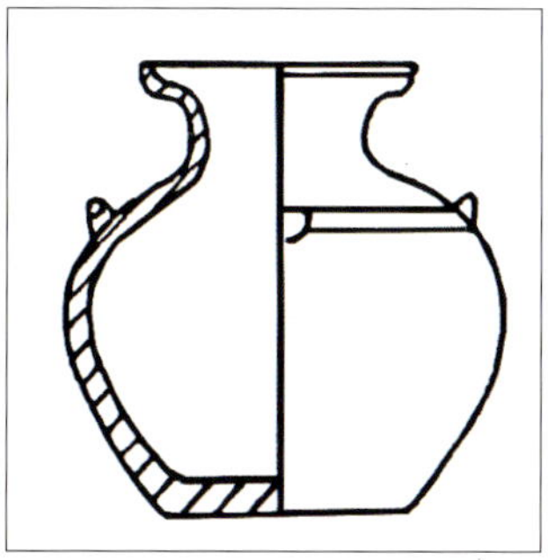　　　图 1-33 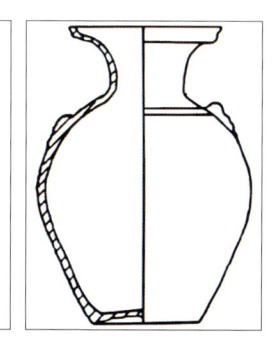　　　图 1-34 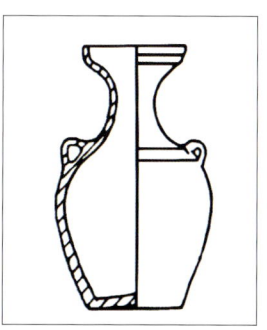　　　图 1-35

造型形式，为后继者提供可资参考的优秀造型范本，极大地推动了中国陶瓷造型的良性发展。

从这一阶段开始，西方和亚洲其他地区的陶瓷造型虽然亦有自己的发展方向和趋势，但是随着中外文化的交流，中国陶瓷产业对国外造成了较大的影响，在技术、造型和装饰上，国外的陶瓷都开始积极地向中国学习。尤其是到了16世纪以后，随着西方资本主义经济的不断进步和欧洲航海业的空前发展，中国陶瓷产品的造型和技术日渐渗透到了西方的陶瓷产业中。

图1-37 莲瓣罐 北朝

图1-36

第三节 唐代以后中国的瓷器造型历史

在长期的战乱结束后，隋王朝短暂地统一了中国的大部分疆域，随之而来的是繁华且漫长的唐代。从陶瓷发展的历史上看，这两个朝代可谓中国陶瓷制作产业的大发展时期，亦可看做是早期瓷器制作发展至成熟期瓷器制作的一个分水岭。

隋代的青瓷除继承南北朝时期的造型之外另有显著的变化与创新，许多新的器型被创造了出来，比如：隋代的壶一般分为有流和无流两种，有流者以鸡头做流（图1-38），其造型变化趋势为鸡头由小到大，壶身由矮小到瘦长，系的形式由条状系发展到桥型系等，特别是此时的鸡头壶整体形态更为高挑，鸡头更加趋于写实，保留了南北朝时期的双龙形柄（图1-39），这种造型真实地体现了隋朝时期的社会审美观念——以纤细优雅为美。此外，隋代

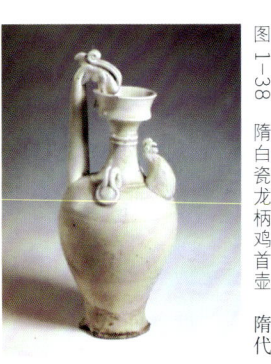

图1-38 隋白瓷龙柄鸡首壶 隋代

图1-39

的瓶也有了更多的新造型，如盘口外撇、长颈、溜肩、平底的盘口四系瓶在安徽淮南地区大量出土，是前朝所未见的新产品。这些新器型大大地满足了人们对于丰裕生活方式的需求。

唐代中国的制瓷产业出现了质的飞跃，今天我们常以"南青北白"来形容唐朝的制瓷状况。唐代越窑制瓷作坊仍集中在浙江的上虞、余姚和宁波等

图1-40

图1-41

图1-42

地。随着瓷器质量的显著提高和市场需求量的大大增加，越窑瓷场迅速扩展，诸暨、绍兴、镇海、奉化、临海、黄岩等县相继建立瓷窑，形成了一个庞大的越窑瓷业系统(图1-40)。同时，在北方地区以邢窑为代表的白瓷窑厂也迅速地发展了起来(图1-41)，唐李肇《国史补》说："内丘白瓷瓯，端溪紫石砚，天下无贵贱通用之。"可见其生产规模之大，影响之远。公元九世纪中，《乐府杂录》记载乐师郭道原"用越瓯、邢瓯十二，施加减水，以筋击之，其音妙于方响。"这说明邢窑白瓷质量较好，胎骨坚实、致密，叩击时有金石之声，因而能与越窑瓷器一起，演奏出美妙的音乐。从造型上来看，唐、五代时期的中国瓷器在造型上主要有以下几个特点：第一，陶瓷制品的使用范围更加广泛，其种类相应增多。新的器物造型应时而生。茶具、餐具、酒具、文具、玩具、乐器以及实用的瓶罐和各类陈设装饰器物，几乎无所不有。瓷制日用品形式新颖多样，造型美观大方。第二，唐代陶瓷的造型总的说来倾向于浑圆饱满的状态，在质量上要求较高，尤其是小件器物，以小见大，精巧而有气魄，单纯而有变化，表现了唐代典型的审美风格特色。第三，因受其他工艺制品的影响和人们审美要求的提高，陶瓷制品的造型也出现了许多过去没有见过的新样式，比如跪人尊、三彩鸳鸯壶、凤头壶、皮囊壶、花釉拍鼓、带柄鸟形杯等。总的看来，唐、五代陶瓷器物的造型逐渐由之前的笨拙粗重向精巧优美转变，其形态丰富多样、风格鲜明，具有新的时代特征，在工艺方面也更为成熟，唐代的雍容浑厚，五代的优美秀丽，各有特点，且均代表着我国传统的民族风格。

时至宋代，中国的陶瓷生产状况有了长足的发展，陶瓷史家通常用多种瓷窑体系的形成来概括宋代瓷业发展的面貌。宋代瓷窑主要被划分为北方地区的定窑系(图1-42)、耀州窑系(图1-43)、钧窑系(图1-44)、磁州窑系(图1-45)，南方地区的龙泉青瓷系(图1-46)、景德镇的青白瓷系(图1-47)。在这些窑口中，定窑与龙泉窑显然是受到了之前唐代"南青北白"制瓷基础的直接影响，而其他窑口的发展则属于在社会政治、经济和审美大发展的基础上

图 1-43

图 1-44

图 1-45

图 1-46

图 1-47

逐步形成的新兴窑业基地。宋代制瓷业兴盛发达，各地瓷窑为了满足各阶层民众的物质生活需要，烧制了丰富多彩的陶瓷器产品。其造型丰富多变，有的匀称秀美，有的轻盈俏丽。民间瓷窑的作品则具有经济大方、朴实耐用的特点，完全从实用出发兼顾到审美的要求，如宋代的梅瓶（图1-48），器体一般比较高，形体偏瘦，肩部向下斜，足部长而接近于直线，底部比较小，器体的最大直径在肩部之下，口部的处理手法多样，常有棱角分明的转折，特点比较突出。工匠们利用粗细、横直、长短、弯曲不同的外部轮廓线，组合成不同形体且实用美观的器物，使得不少器物具有明显的时代特征，比如：宋代颈瓶的造型样式便有玉壶春瓶（图1-49）、梅瓶、扁腹瓶、直颈瓶、瓜棱瓶（图1-50）、多管瓶、橄榄瓶、胆式

图1-48

图1-49

图1-50

瓶、葫芦瓶、龙虎瓶、净瓶(图1-51)等。这些器型的变化大多表现在口、颈与腹部。大体可分为两类审美特征，即修长秀美者与短硕稳重者。无论哪种造型模式均体现出宋代瓷器生产工艺与社会审美观念的完美结合。

辽代陶瓷的造型相对于宋代而言可分为中原形式和契丹形式两大类。中原形式的陶瓷器皿，大都按照中原固有的样式烧造，如杯、碗、盘、碟、盂、盒、盆、罐、壶、瓶、瓮、缸、棋子、香炉、砖瓦等，其中有的是食器、酒具和茶具，有的是贮藏器、日用杂器和建筑材料。契丹形式的陶瓷器皿，则多仿照契丹民族传统使用的皮质、木质等容器而烧造，如长颈瓶、凤首瓶、穿带壶、注壶、鸡冠壶(图1-52)、鸡腿瓶(图1-53)、海棠花式长盘、暖盘、三角形碟、方碟等，其中有的是盛食器，有的是贮藏器和注器，在造型上具有契丹民族的显著风格特征。辽代的瓷器造型

图1-51

图1-52　　　　　　　　　　　　　　图1-53

图 1-54 霁蓝釉白龙梅瓶 元代

图 1-55

特征表现出中国各民族间充分的文化交流模式，以及民族融合后将各民族审美特点进行结合的方式方法，这种改变直接导致了中国陶瓷制造业在工艺技术和设计思路上的转变。

元代制瓷工艺在我国陶瓷史上占有极为重要的地位。元代的钧窑、磁州窑、霍窑、龙泉窑、德化窑等主要窑厂，在前代的基础上仍继续生产传统的瓷器品种。随着外销瓷需求量的增加，元代各窑厂的生产规模普遍扩大，大型器物造型增多，烧造技术也更加成熟。元代瓷器的造型大体上和其他各时期类似，既有继承也有创新。从元代的梅瓶（图 1-54）和玉壶春瓶（图 1-55）可以明显地看出是继承了宋代的式样。罐、盘、碗与前代的形制相比就有较大的变化。四系小口扁壶、高足杯、僧帽壶（图 1-56）以及

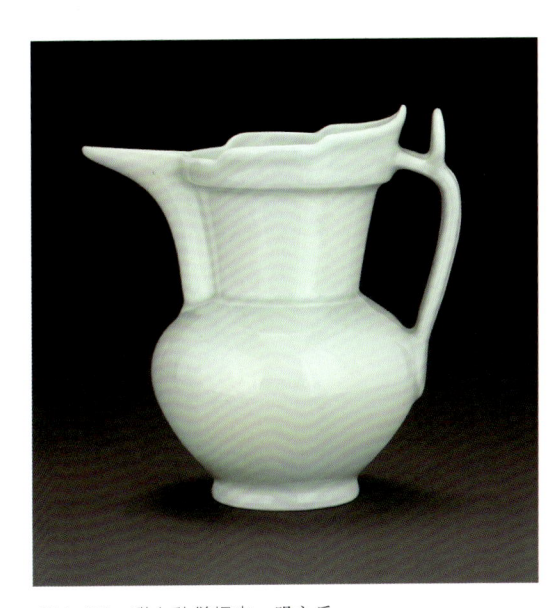

图 1-56 甜白釉僧帽壶 明永乐

多穆壶（图1-57）就是元代瓷窑中的新创品种。在造型上，元代瓷器的显著特征是：形大、胎厚、体重。这一变化既有民族审美观念变化的影响，又有外销瓷经营中市场需求的掣肘。

明清时期的中国陶瓷生产已形成以景德镇为制瓷中心的基本格局。明代景德镇所产的瓷器，数量大、品种多、质量高、销路广。宋应星在《天工开物》中说："合并数郡，不敌江西饶郡产……若夫中华四裔驰名猎取者，皆饶郡浮梁景德镇之产也。"由于景德镇在当时的中国处于制瓷中心的地位，它不仅要满足国内外市场的需要，而且还担负了宫廷御器和明政府对内、外赏赐和交换的全部官窑器的制造任务，因而，对景德镇珠山官窑的陶瓷生产面貌有了一定的了解后便可对当时全国的陶瓷制作有所把握。明代前期的瓷器造型，比较注重形体的比例关系，整体感比较强。清代前期的瓷器造型，比较注意造型的细部变化，明确的转折交代，多种方式的线角处理，各种具有装饰性的口部与底部，其表现手法都是极为精到的。明代的瓷器不仅供给城乡民众日常生活之用，地主贵族阶层还将之作为陈设所用的工艺美术品，就宫廷而言，还有一部分作为祭祀用器。总的说来，明代的盘、碗、罐、壶等器型同元代类似，基本上保留着原有的造型形式，但因便于使用，又不断有些变革。如元代的盘、碗圈、足较小，往往和器物本身的比例不相称，看上去有一种摆放不稳的感觉。明代瓷窑在该类器物的造型上则将圈足放得较宽，而且逐渐改变了元代多数圈足内壁无釉的制作特点。从明初到成化、弘治时期，在瓷器造型上的总体改变是元代厚重、粗大的风格被逐渐取代，而趋向于轻巧洒脱的形态特征。随着制瓷技术的进一步改进，嘉靖、隆庆、万历各朝的方形器，如方斗碗、方形多角罐、盒和多层盒等都有进一步的发展。此外，明代的梅瓶造型（图1-58、图1-59），较之宋代的梅瓶，整体偏低，相比之下，显得体径大而且较矮；口部圆浑厚实，没有明显的线角转折；肩部向上抬起，线条饱满有力；腹部之下则呈垂直的线条状，有的微微向里收，在足部的结束部分，感觉稍向外撇。

图1-57　景德镇窑青白釉多穆壶　元

明清两代的碗类造型和盘类造型较唐宋两代，在功能效用和工艺制作方面都有了进一步的发展，更符合使用的要求，在制作上也更加严格规整，造型样式也比较完美。这一类造型，在日常生活中用量最多，实用价值最强。正如沈从文先生在他的《清初瓷器加工》讲义中曾着重指出："清代瓷器在康、雍时期均重视造型，无论是陈设品或日用器具，都取得极多成就，凡是晚明时期造型的拙重失调处知所避免，宣、成时期长处又知所取法。"在研究和整理传统造型时应本着"一切研究都是为了有利于新的创造"这样一个目的进行，去分析、认识各个时期陶瓷造型的代表作品，当会有所裨益。因而，以目前的审美眼光来看，无论哪个时期的陶瓷造型只要在发展过程中继承了传统的样式并追求创新，新的造型样式会在符合造型形式规律的前提下取得良好的视觉效果，形成自己的特点。当然，在新的陶瓷造型最初出现的时候，总是不可能完全摆脱过去普遍使用的器物样式，或某些常见自然物体的形状，但

图 1-58　青花花卉纹梅瓶　明

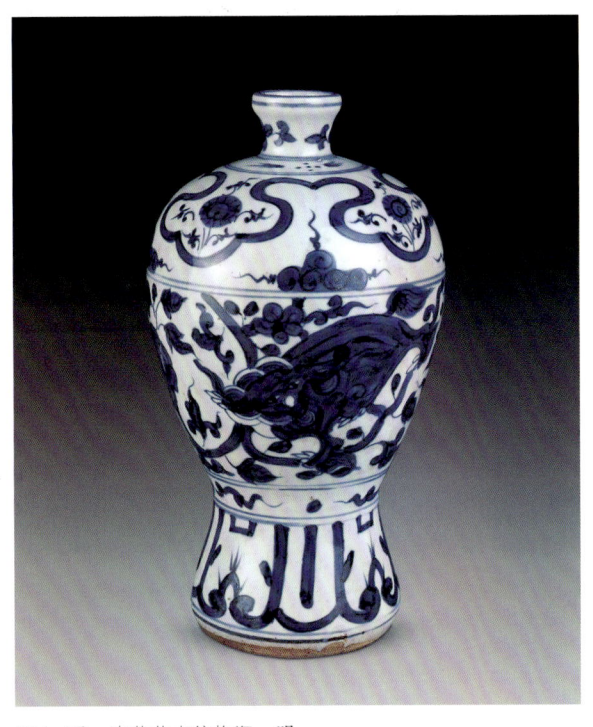

图 1-59　青花缠枝花卉纹梅瓶　明永乐

是在客观世界的启示下发挥设计者的想象力和创造性是设计新造型的首要条件。从目前已知的中国陶瓷造型发展的历史进程来看，陶瓷造型在发展演变的过程中会逐渐摆脱原来描摹对象的某些特征，形成自身存在的规律和特点。在这个过程中，人们不是简单地使用陶瓷器造型模仿自然形体或是模仿从前使用的器物，而是按着已经出现的陶瓷器造型规律去创造，根据功能、材料、技术、审美原则去创造，通过反复的设计实践，在制作过程中使造型更加完善。同时对造型的形体变化、体量关系、线型曲直、局部处理都总结出了一套经验，并且不断丰富和充实内容，人们的想象力在这里得到了发挥，工艺技巧得到不断提高。因此，陶瓷器造型是人们认识生活及实践活动的一种表现和结果。比如中国现代民间陶瓷匠师所进行的创新设计便是采取渐进的方式，在原有的基础上进行局部的改进或整体的演变。不过，这种变化一方面脱离不了民间陶瓷匠师们自身的审美爱好，另一方面还必须考虑到使

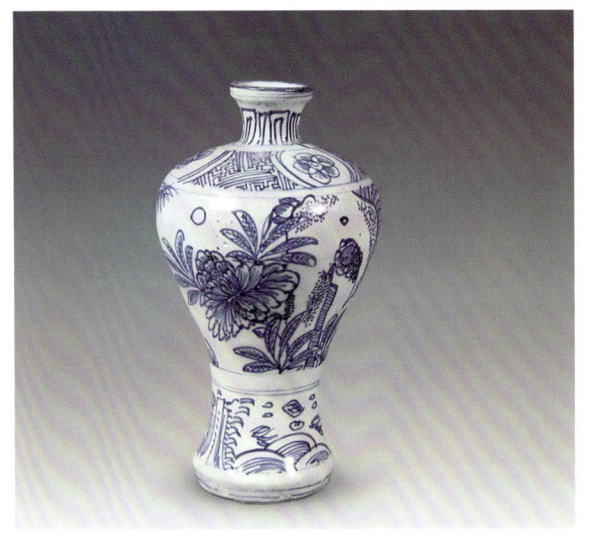

图 1-60　青花花卉纹梅瓶　明隆庆

用者们的审美习尚。而这种审美习尚往往是和社会政治、经济、文化等各方面的发展与转变密切相关、不可分割的。（图 1-60）

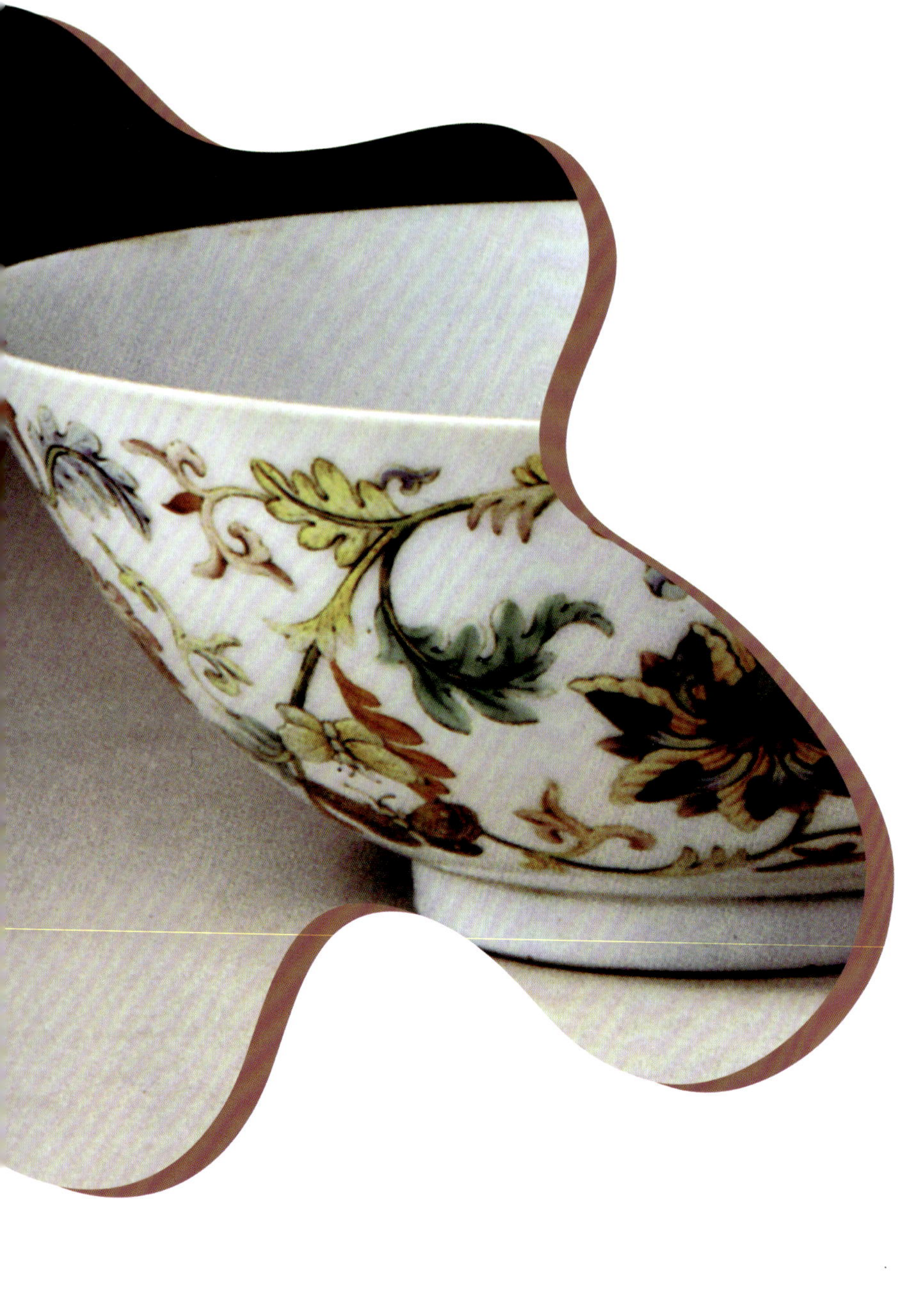

第二章 陶瓷造型与文化思想

民族精神是民族文化的根基,它影响并支配着创造者的活动,决定着作品的总体风格。在中国传统陶瓷中,各种不同的造型,是在不同的时代、不同的地域以及不同的生活需要下形成的。它们包含着生活美学、生活意蕴、生活习俗,渗透着创造者对生活的理解和适应,并"物化"为具体的陶瓷造型形态。正因为如此,陶瓷造型从一个侧面反映着生活的本质。但换一个角度来看,社会生活的状态又是由社会政治形态、审美形态、经济形态和文化多方面综合而成的,因此,要理清历史进程中陶瓷造型发展的轨迹首先必须清楚在一定的社会状态下所有的文化思想表现形态,从而才能深入地了解当时陶瓷造型设计产生变化和定型的根本原因。杨永善也认为:"造型意识是创造意识的具体反映,必然受到传统文化的影响,自觉或不自觉地反映着传统文化的某些特征。"

第一节 中国传统思想对陶瓷造型的影响

中国传统陶瓷艺术之所以能够在世界陶瓷艺术发展的历史上,获得一致的赞誉和高度的评价,并以其鲜明的艺术特点和工艺特点著称于世界,主要是因为中国传统陶瓷有其独特的整体风貌和各个不同的时代特征与地域特征,且都有着新的形式和特定的艺术内涵。可以说,中国传统陶瓷不论从技术到艺术,还是从造型样式到装饰纹样,皆具备自身的特质,经过世代工匠不断的技术传授和技艺发展,形成了一种独特的文化形态,是物质生产与精神文化的交融和凝结,是中国传统文化的重要组成部分。这一特征也就直接决定了中国的陶瓷艺术造型意识呈现出融会古今、贯通中西的风貌。中国传统的审美观念在陶瓷造型设计上的影响中主要表现在以下几点:

1.象形取意

人类在发明制陶技术时所创造的造型样式不是凭空捏造的,而是沿用了没有出现陶器时所惯用的植物果壳剖制而成的器物样式,比如后来在陶瓷造型中十分常见的葫芦瓶、蒜头瓶(图2-1),都是对自然界中常见的植物外形直接进行模仿和学习所得。当然,在早期的陶瓷器物造型中也常见对动物造型的模仿,比如长江流域各陶器文化中多见的猪形鬶(图2-2)就是对当时氏族部落中圈养动物的形态进行直接地描摹。此类器物造型方式多见于原始社会时期和奴隶制社会时期,究其原因可能是原始巫术的影响使得当时的人们习惯于用陶土制作成各类牲畜的形象来供奉神灵。到了封建

图 2-1

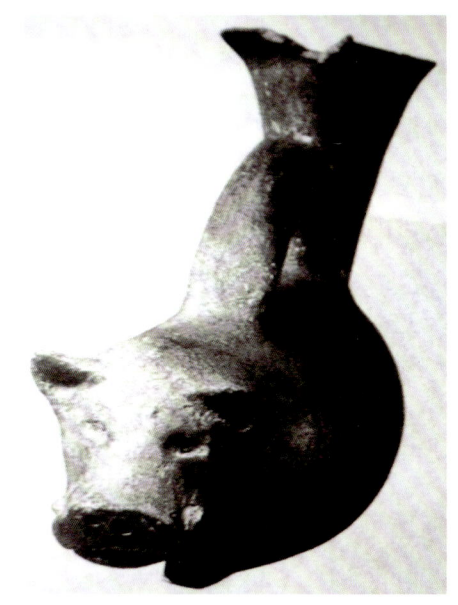

图 2-2 大汶口文化猪形灰陶鬶 新石器时代

社会时期，陶瓷器造型中对动物形象的模仿则从整体造型的完全搬抄慢慢演变为局部学习，如龙泉窑贯耳瓶上的龙形耳（图2-3），百鹿尊上的鹿形耳（图2-4），铺首等（图2-5）。如今，这类造型方式已经成为一种独立的形式类别，必然逐步摆脱原来的全盘模拟，并按着自身的规律发展下去，也就是说，陶瓷造型在后来的发展中，随着人们对于陶瓷材质的深入掌握，逐步脱离了对自然形态的照搬照抄，并且渐渐按着造型的规律形成自己的形态特点。早期的陶瓷造型以模仿为主，经过发展之后逐渐掺入了设计者的审美观念，并融合了各历史时期的社会审美观念，慢慢形成具有独特"艺术美"的造型方式。总的说来，目前按照象形取意方式设计的陶瓷其造型方式大致可以分为：完全的模仿、部分模仿、象形取意、抽象。其中，象形取意的造型方法完全不同于表面的模仿，具有明确的目的性，完全区别于部分模仿的陶瓷器，所谓象形取意的精髓在于以模仿自然物为基础，通过挖掘被模拟形态的内在语义而创造出新的造型，其发展路程也就是从早期的直接摹写逐渐过渡到抽象的几何形态。

相比较而言，西方的陶瓷造型从自然模仿转变为抽象几何形态的过程比较快，但中国的陶瓷造型却是在逐步的演变中转化为模拟或半模拟，并从初级的模拟仿效进入到高级的象形取意阶段，而且一直延续到现代，成为一种比较重要的造型方法。如同汉字的创造是在模仿的基础上逐渐抽象的过程一样，中国的陶瓷造型与汉字造型结构有某些内在

图 2-3

图 2-4

图 2-5

联系。陶瓷工匠也从自然界和人造的器物形状上受到启发，对它们加以概括和改造，设计制作出不少属于象形取意的陶瓷造型。比如：模仿汉字的"由"字形的天球瓶（图2-6）、油锤瓶、玉壶春瓶等；"甲"字形的梅瓶、鸡腿坛等；"申"字形的橄榄尊、柳叶瓶、莱菔尊（图2-7）、莲子观音瓶（图2-8）等。不过，即使是模仿自然物的造型，经过长时间的变化后也会在保留原型的基础上进行加工和再创造，这完全可以看作是一种意象的展示。

象形取意的造型方法，其长处在于设计者通过借助于自然界的植物、动物形态和人为的各种器物形态和样式的启发，加以适当地发挥和想象，深入构思，从而创造出有别于一般原初形态的陶瓷造型。因此，过于真实地模仿自然物反而不能很好地表现陶瓷的艺术语言。比如现代的某些超写实陶艺作品巧则巧已，但其内涵却荡然无存。它们只是单纯地展现出作者所具有的高超技艺，却忽视了陶瓷艺术独特的造型魅力在于其创造意识必须源于自然而高于自然。

以今天的审美眼光来看，中国优秀的传统陶瓷造型，在运用象形取意手法方面是很成功的。首先它们有意识地选择合适的模仿对象，通过深入的思考和提纯后发掘其内涵之所在。然后加以发展、超越，用最概括的手法使被模仿对象单纯化，从而有效地突出其中最具美的特征的部分，用形式美的原则去加工整理，使其成为具有陶瓷工艺材料特点的造型。模仿自然形象时，优秀的陶瓷造型设计者求其神似而不强求形似；取其意象，保持突出的特征，完美地展现了中国传统审美观念中对于"传神写意"精髓的表达，正如苏轼所言："传画以形似，见于儿童邻。"

在传神写意的准则下，中国陶瓷产品造型的方式可划分为：

（1）简化和概括

所谓"简化和概括"就是指在模仿自然参照对象的时候时刻注重对对象形态的总结，将其形态特征运用简洁的线条或概括性的形态语言加以阐释，使陶瓷器物的造型呈现出极具意味的简洁之美。

（2）美化和夸张

对于自然形态中特别优美或具有代表性的造型，设计者可有意识地进行形态上的夸张和美化，如强化曲线的旋转弧度来展现造型的柔美特质，或是通过强调直线的硬朗转折来表现形态的阳刚之美。

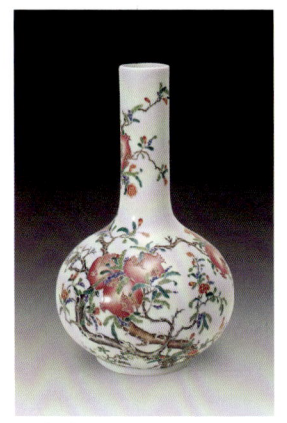

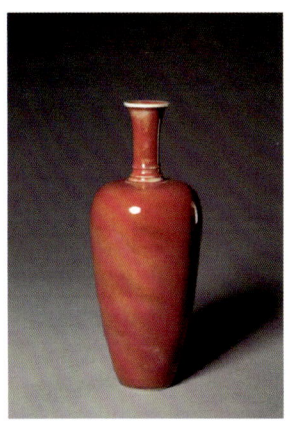

图2-6

图2-7

图2-8

025

（3）添加和强化

对于陶瓷造型设计者而言，并不是所有的自然模仿物都具有完美的形态，因而，在陶瓷造型设计中不妨利用添加和强化的手法对略有缺陷的自然造型进行美化，比如利用对称均衡的造型原则将原本不甚规则的自然形态调整和强化为具有鲜明形式美感的造型模式。

（4）分割和重组

在陶瓷造型的设计中，也可将多种自然形态中最为优美或相互映衬的部分进行分割后的形态重组，去粗取精，通过人为的设计将自然界中优美的形态元素进行搭配，从而创造出独具审美特色的造型。不过需要注意的是：在进行选择的过程中不能够一味地挑选最美的形态部分，而是要关注每一个"美"的形态是否能够和其他形态之间很好地搭配，避免出现形态之间主次不分、喧宾夺主的状态。

无论怎样，任何造型方法都应该是创造性地运用才会获得成功。同时我们也应该看到，成功运用象形取意造型方法的先决条件是必须有被模仿对象，没有被模仿对象则无法去发展和创造。再者，其造型思维方式是单向的，是一种逐步形成的过程，主要是在基本形体基础上的变化，造型思维比较单纯，甚至受被模仿对象的限定，不容易更多向地发展造型思维。

2. 求全完满

中国传统文化中对于"全"和"完满"的要求是严格的，无论是古人评价宋玉之美"增一分则长，减一分则短"，还是荀子在《劝学》中所说"不全不粹之不足以谓美也"，都表现出古人对完整性的追求。在陶瓷造型中如何表现和强化这种"完满"之美，目前看来主要有三种表现方式，即：中轴线对称、左右形态均衡、上下呼应（亦可称为重心稳固）。比如，中国传统的陶瓷器型梅瓶（图2-9）便同时展现了这三种形式美感。完全的中轴线对称使得梅瓶的造型左右均衡、形态稳重，同时，由于标准中轴线的存在也使得梅瓶的造型左右两侧形态几乎完全对等，呈现出典型的均衡美感，保持了造型的完整性。另一方面，如果自上而下地去观察梅瓶造型不难发现，这种小

图2-9 釉里红山水梅瓶 清

口鼓腹敛足的造型比例完全能够表现出呼应之美，极度收缩的口部与相对狭窄的足部在形态上相互呼应，而凸鼓的腹部则在很大程度上弱化了上下两端的视觉收缩感，端正了梅瓶的整体造型，缓解了因足部较小而容易产生的倾斜感。总的看来，在中国传统的陶瓷造型中往往不会对它的上下纵向空间随意地裁切，但是却可以在左右部分进行适当的添加或删减，比如在瓶的肩部对称地添加两耳的造型，或添加铺首形态，以此来丰富器物整体的造型曲线。但是，如果将原本完整的器物造型裁切掉口部或底足部分的话，则容易使人产生视觉上的不完整感，对于长期受传统文化熏陶的中国社会而言，这种口部或底足残缺的造型显然不符合我们一贯的审美观念。因而，无论是传统陶瓷造型还是以新奇为特点的现代陶瓷器物造型中都很难看见此类裁切上下形态的方式。受传统文化的潜移默化，中国的传统陶瓷造型逐步形成了相对稳定的形式结构，并有了约定俗成的造型格式，最主要的是，似乎每件造型都不应缺少口部与足部，有始有终的概念很自然地形成了这种追求造型完整性的意识。就造型形态的本身而言，这种造型意识能起到完善的作用，使欣赏者在视觉上感到平和，在心理上获得相对稳定。因为在这种造型意识支配下创造出来的作

品，一般都具有造型部位齐全、形体变化比较丰富的特点。所以，比较统一使欣赏者获得良好的视觉整体感，也就比较容易为广大中国人所接受，因其造型形态的"完满"，使之在心理上获得满足。但是这种造型方法由于追求各组成部件俱全，同时又要求每件作品都要有明显的形态变化，因此在一定程度上制约了陶瓷产品造型的单纯化发展。从根本上讲，陶瓷造型的完整与不完整是相对而言的，主要是由传统的审美观念和造型意识决定的。随着历史的发展，消费者和社会的整体审美观念也在更新，对于传统审美习惯的尊重，就要求当今的陶瓷艺术设计者更加重视现代人的爱好和要求，把传统与现代的审美观念完美地结合起来，这样将更加有助于陶瓷产品造型上的创新。

3.日趋完善

中国传统陶瓷造型在长期的发展过程中，逐步形成了"程式化"的特点，即经过设计者和使用者通过日常使用经验的反馈，对已有陶瓷产品造型经过反复推敲和美化后趋于"完美"。其形成的最主要的因素和传统文化是分不开的。一个成功的并能长期流行的造型必须是由社会中所有组成者共同创造并认同、在社会的不断发展中逐渐演进的。因而，对于当今陶瓷艺术设计而言，所谓具有程式化特征的陶瓷造型，就是指那些能为广大民众所熟悉，并且易于接受，甚至是喜闻乐见的造型样式，其目的是在人们的日常生活中，以其易于亲近的形式来满足人们的日常使用需求和审美要求的造型样式。比如，宋代景德镇窑广泛生产的斗笠碗(图 2-10)和福建建窑的黑釉茶盏(图 2-11)，其造型的设计就是建立在满足人们日常生活所需的基础之上，无论是斗笠碗还是黑釉茶盏都是宋代上自皇室贵族下至普通民众日常生活中必备的生活用瓷，由于当时的饮茶方式与今天的茶叶冲泡方式不同，皇帝与民众对于煮茶和斗茶的喜爱就直接要求当时容易被接受的茶碗在造型上必须注意口部偏大，底部偏小。尤其是黑釉茶盏，在造型上还必须注意设计一些符合斗茶需要的细节，如略微凸鼓的腹部，稍稍外撇的口部和箍于口部的一道凹陷弦纹。程式化的陶瓷造型是在实际使用的过程中结合大众的使用需求和审美观念不断完善和发展的，正因为不断的改进也使得这种"程式化"具有最为广泛的受众群体，并拥有最为坚固的审美基础，它的延续时间也相对显得较为长远，比如，梅瓶、玉壶春瓶、胆式瓶、正德碗、罗汉碗、将军坛等都是沿用多年的中国传统陶瓷造型，至今，它们仍然具有旺盛的生命力。大致看来，中国的传统陶瓷造型总是循着原有的造型观念进行发展，并不断根据当时的社会制度和审美观念逐渐变化，从而衍生出新的造型样式，正因为如此，陶瓷造型也就比较容易出现程式化和规范化的特点，产生出结构严谨，经得起推敲的优秀造型。

根据已有的陶瓷造型来看，程式化的造型方式优点相当明显，由于这种造型设计方法始终跟随着社会主流审美观念的变化而不断变化，因而这种造型相对来讲更容易适应市场的现时需求，并且会随

图 2-10

图 2-11　福清窑黑釉茶盏

027

着时代的变化而不断变化，从而具有一定的变化美感。不过，程式化造型的方式也有一定的缺点，比如，这种方式下产生的陶瓷产品造型容易使欣赏者产生固定的审美心理，而不太容易接受有较大差异的新造型和新方法，因此，势必会带来设计思维的固化。所以，要想使程式化造型的方法更具实用性或普及性，就必须注意时刻紧跟主流审美观念的发展趋势，循序渐进地将新的造型设计概念融入到人们的日常生活中去。

4.诗意思维

国外的陶瓷造型通常给人以直接、单纯且富于理性的表现特征，但中国传统陶瓷造型却直接诉诸人们的视觉感受，给人以含蓄、丰富、富于情感的印象。产生这类差异的原因主要在于中西方文化的发展起源有所不同，正如国画家范曾所说："东方是重经验、重感悟、重归纳（经验主义、感悟主义、归纳主义），最后能够达到一个天人合一的境界，而西方是重逻辑、重演绎、重天人二分的。"因此，表现在具体的方面如中国战国时代的哲学家惠施、公孙龙早已提出至今西方量子力学家仍在证明的命题，《庄子》中有："一尺之棰，日取其半，万世不竭。"（一尺长的棍子，每天截取一半的长度，永远也取不完）这种理论当时完全是在经验主义的基础之上提出来的，但是，西方文化对经验主义完全不屑一顾，在他们看来，要想得到结论就必须经过复杂和符合逻辑推论的实验。因此，虽然惠施早已提出"至小无内"、"至大无外"的结论，但西方科学家对于量子、中子、质子的研究直到今天还在延续。从中国人和西方人获得结论的方式差异上不难看出，中国的陶瓷造型通常是来自于人们日常生活中不断积累下来的经验总和，也就是说，凡是能够适合于日常生活或某种特殊需求的造型就会自然而然地被发展和延续下来，而西方的陶瓷造型则来自于逻辑学上的论证和认可，所有符合数学逻辑的造型曲线均可被用于陶瓷造型的设计之中。所以在陶瓷造型中，中国的传统造型总是充满抽象的美，充满随意性的美，而西方陶瓷造型的轮廓线则大部分存在着几何曲线的倾向。

中国传统陶瓷造型强调表现自然的韵味而排斥造型的数理特征，这是和中国古代的审美思想分不开的，在当今符号学的概念中也比较容易看到这一特征，比如瑞士符号学家索绪尔提出符号学中"意指"和"能指"两大基础名词概念，简言之，所谓"意指"是用以指代某一对象的符号本身，而"能指"则是被指代的对象本身。就目前来看，西方人长期积累下来的生活方式使得他们习惯于将"意指"直接指向"能指"，但中国人却习惯于将"意指"依然指向另一个"意指"，用想象力来解释抽象的概念。比如说让西方人用手指来表示数字"八"，他们会伸出八根手指，但中国人会直接伸出大拇指和食指来表现一个同样抽象的数字"八"。这种特征实际正是中国人始终追求人与自然的和谐、善于在设计物中表现"人情味"的体现，也是中国人重感情而不重理性的观念在陶瓷造型中的直接反映，是中国人强调以生机盎然的气韵和意蕴为主的美学思想的体现。这种具有意味的造型特征，虽然并没有明确的表达观念和表现内容，也不重于描绘和表达特定的对象，但其造型感染力就在于自身的形态、结构、气势、情趣，也就是造型的自然韵味。这种造型的自然韵味有时甚至能够超脱于自然的客观美和秩序美，从另一个虚幻的角度对审美者潜移默化，从而感染人的情绪，给人以美感享受。在中国的传统审美理论中，这种表现模式和特点又被称作"气韵生动"。中国人的审美观念始终是带着一点"诗意"的，比如清朝乾隆年间的郑板桥画竹时说他心中之竹已非眼中之竹，而笔下之竹亦非心中之竹，他画竹的过程分为看竹、体会竹、写竹三阶段，所以中国人对于美的看法不在于艺术品是否能够完全真实地再现描绘对象，而在于艺术品最终是否能够阐释作者的内心情感，是否以一种纯粹"诗意"的方式再现自然之物，即所谓"传神写意""神似而形不似"之美。但是西方的艺术则主张艺术家将描绘对象完全真实地翻版到画布之上，最好是能够达到像照片一样的丝毫不差，画一串葡萄就要把它的形，甚至于照射于其上的光线都没有差异地表现出来，所谓眼中之物即心中之物，即笔下之物，他所画的一切都会给人以触之可得的视觉感受。所以与西方陶瓷造型相比,中国传统陶瓷以静态美为基调,造型整体给人以安静和平稳的印象,各类造型都以对称均衡的方式存在,不强调动态,而着重于静态,把含蓄隽永的自然韵味融汇其中,使之更具艺术特点。在造型形式方面,中国传统陶瓷造型"求正不求奇",各种造型以平实见长,不追求形式的奇特,但绝不是平淡,而是以平易之中的深厚韵味博得人们的欣赏。

第二节 西方传统思想对陶瓷造型的影响

西方的思维模式与中国有着极大的差异,这种差异所导致的文化表现在陶瓷造型的设计中有鲜明的特色。在古希腊思想的行为中有一个概念叫做"逻各斯(Logos)",所有的西方传统思想都可以看做是从这个概念中演变而来的。在希腊,地中海沿岸间的文化商贸交流,促使希腊人的思想从神秘宗教的束缚下解脱出来,变化为一种朴素的认识自然、探索自然的科学精神。此后,西方的哲学家们便开始寻求物质的起源,后来,赫拉克利特提出"逻各斯"就是统摄宇宙万物的基本原则,根据当代希腊史专家格斯里的总结,如叙述、尺度、比例、规律、理想的力量等均属于"逻各斯"的范畴,其中"共同的"、"普遍的"、"规律"为主要含义。由此可见,自古希腊时期开始,西方的传统思想就集中于对自然与人的和谐关系的思考上。尤其是后来,毕达哥拉斯"把数的研究从商业活动中扭转开来,将一切与数比拟"。可见西方的传统思想一直以来都是以"数"为指导,以"数"作为人类生存的秩序和自然规律取向。正是由于西方观念中对于逻辑性的"数"的重视,西方的陶瓷设计整体便表现出与中国全然不同的特点,如注重写实性地再现,注重理性的逻辑思维表现,对"人"本身给予极大的关注相同点,注重各种思想和文化的综合发展,总的说来,西方的陶瓷造型设计讲究一种逻辑思维概念上的理性表达。加之对于"人"这种伟大自然体本身的崇敬就使得西方的艺术品中常常可见到表现人体尺度比例之美的细节,就目前已有的考古资料来看,古代西方的陶瓷造型设计,从口、颈到肩、足各个部分都隐藏着优美的人体比例。

随着人类文明逐渐发达,在商业和文化的交流中西方和中国的陶瓷艺术也得到了一定程度上的融合与相互促进。比如,唐代瓷器的新造型就是中外文化交流和外来文化影响的证据。凤头壶在初唐时期已经流行(图2-12),以三彩最为常见。这种造型是既吸收了波斯萨珊王朝的金银器造型,又融合了中国本土风格的一种变形产品。其他如明代永乐年间的军持、花浇、扁壶和清代乾隆时期的贲巴壶等都充分地反映出综合性的造型艺术特征。

图2-12 安阳窑青釉凤头龙柄壶 唐

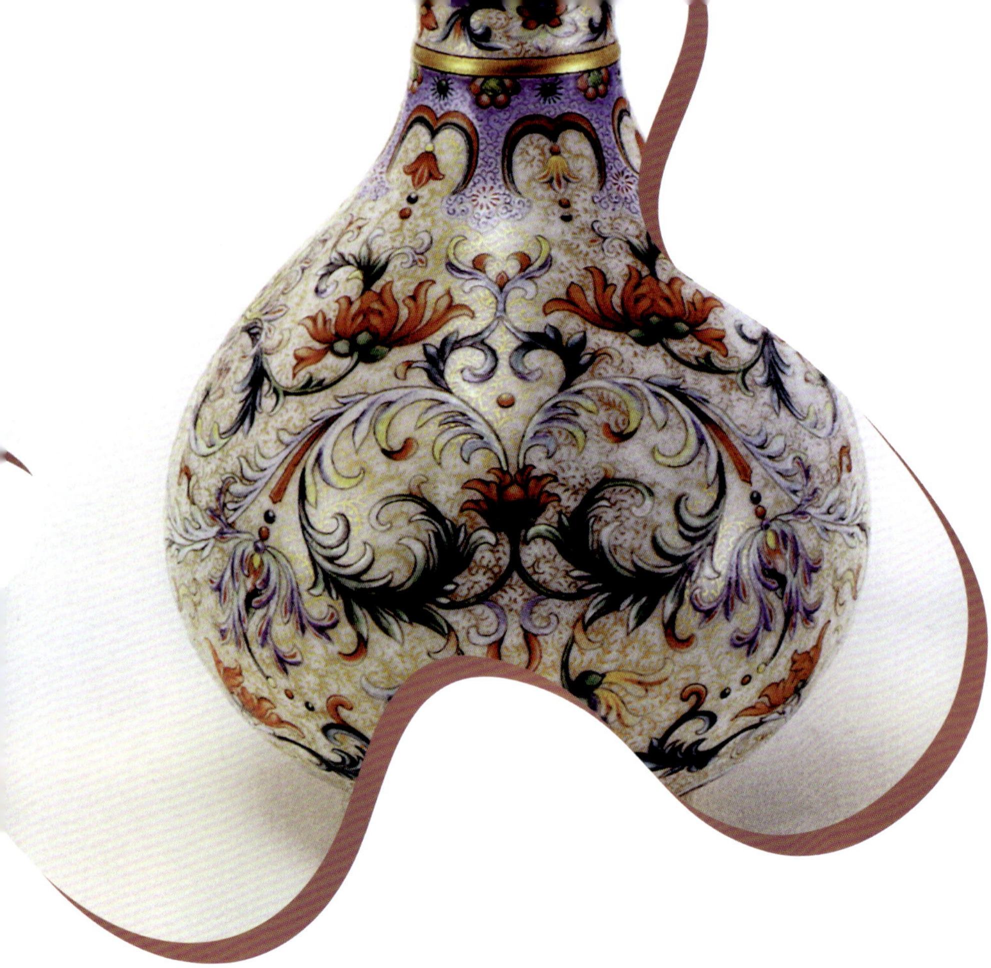

第三章　陶瓷造型与经济生活

陶瓷造型的发展和演变，总是离不开人们日常生活的实际需要。换言之，物质文化生活的需求和不断发展是陶瓷造型不断演变和创新的主要原因之一。

第一节　生活水平的影响

原始社会时期，由于整体生活条件低下，当时的陶器造型相对简朴，其造型注重实用性，尤其集中于各类容器、盛器、水器的设计和造型，其外部造型线条长期以来保持着一致性，在较长的历史时期中没有太大的改变。这说明在人类文明发展的初级阶段，受生活条件和经济条件所限，陶器产品的造型设计原则在于满足最为普遍的日常实用性，可以说，有意识的"造型美"在当时并不存在。

随着社会生活和经济水平的逐渐发展，陶瓷的造型开始向着在满足实用的基础上日益表现出对美的追求，比如古希腊时期的双耳罐，在造型上以对称的弧线和丰满的形体表现出当时对于人体曲线美的追求。而中国隋唐、五代时期陶瓷产品造型上的变化亦源于社会生活方式和审美观念发生的转变。比如，唐代盛行饮茶，士大夫、文人之间更是以饮茶为韵事，不仅讲究茶叶的色香味和烹茶方法，而且对茶具也非常重视。陆羽所作《茶经》一书就曾对当时各地瓷窑所产茶碗作了较为细致的比较和评论。当时的文人阶层所推崇的陶瓷茶具在造型上体现着文雅细致和礼仪风范的标准。宋代的茶碗则以口大底小的景德镇斗笠碗和建窑茶盏独领风骚，这种造型规则完全是为了满足当时自贵族阶级至平民大众热衷于"斗茶"游戏的需求。

明清两代，随着经济生活的发展和生活方式的转变，新的造型开始大量产生。在思想意识方面，由于文化生活的发展和审美的需求，人们不再满足于过去的创造，希望不断有新的形式出现，这也是新造型产生的契机。不同的社会阶级对形态美都有着不同的追求。比如，统治阶级占据了社会最高层的地位，他们对于陶瓷器物的造型要求已经不仅仅是满足日常生活的使用，而是希望器物造型在实用的基础上更加具有美好的诗意，以此来表现自己独特的审美品位，而社会中下阶层一方面关注陶瓷器物的造型要力求实用，另一方面却希望尽可能地效仿统治阶级的审美品位，但由于严格的社会等级制度和"价廉物美"的消费观念，适合于这部分人群的陶瓷造型往往以实用性和制作的便利性为主要特点。

目前，对于那些抱着物美价廉心态购买产品的消费者而言，陶瓷的造型必须简洁单纯，便于成型制作，烧制过程中不容易变形，使用时坚固耐用。而对于那些将陶瓷产品看做是收藏品的消费者，则需注意在造型时极尽精巧之能事，充分地展现出造型的设计美感，使之具有更为强盛的生命力。

第二节　生活习惯的影响

从另一个角度来看，造型是陶器存在的基本形式，各种造型样式的产生一开始都是基于生活的使用要求，从现实生活中汲取素材进行加工和创造的。所以，造型样式的产生不可能脱离当时生活的需要，也不可能完全脱离过去已经有过的和当时正在使用的器物造型样式。比如，在黑龙江地区就有部分陶器造型既融合了中原传统陶器样式，又加入地方特点的，如仿桦皮器筒形罐和仿皮囊形壶

(图3-1)。仿桦皮器筒形罐是在当地用桦树皮制作的容器的基础上发展来的。当地人很早就开始使用桦树皮制作各种生活用具，最初这种陶器完全仿照桦树皮容器制作，甚至还保留了缝制的针孔装饰，后来当制造者熟练掌握了黏土的特性之后便开始改良这种陶罐的造型细节，比如增加形体曲线，在口部边缘出现了颈部，口沿部分微微外翻，底足部分稍稍内敛，整个造型既单纯又有含蓄的变化。而仿皮囊壶的形式则从宋辽时期即已在中国北方地区开始出现。辽代皮囊壶，其造型直接来源于民众的日常生活用具，早期的仿制相当精致，细致到对针孔的摹写，但越往后，这种直接的照搬照抄越来越少，造型开始呈现简化的趋势，并在实用性和审美性的双重规范下发生细节上的变化，比如为了便于液体的倒出，口部往往做成撇口状，为了保持稳定，底部常常做成直径较大的圈足，并微微向外撇，整体曲线始终保持重心偏下的趋势。

所以说，陶瓷造型设计的目的中很重要的一条便是要最大限度地体现对人们的关怀，而不是给人们出难题，使人们在生活中更加便利，获得更为舒适的生活方式。比如在中国，人们吃饭常常使用一种有圈足的饭碗，这种圈足造型无论是汉朝还是明清时期都能够在中国的传统陶瓷造型中看到，设计在碗底部的圈足主要的目的就是隔热防烫，由于中国的传统饮食方式以温热型饮食为主，所以这种圈足设计无疑是为了满足人们的日常使用而不断积累和改良形成的，但在今天的陶瓷餐具市场中还出现了一种所谓的"韩式碗"（图3-2），这种碗的造型圆润可爱、精致小巧，但由于它没有圈足，所以实际上并不适合中国人的饮食方式。不过它在日韩市场上却有很好的销售表现，主要原因是日本和韩国的传统饮食习惯是冷食，圈足对于他们而言反而是累赘。同样的，对于习惯于使用刀叉的西方消费者来说，餐具中如果缺少盘的造型而以碗的造型为主的

图3-1

图3-2

话，也将会给他们的生活带来不便。

　　此外，日常生活中经常使用的陶瓷器具，造型形式结构不宜太繁复，过于复杂的形式变化和结构关系，都容易和功能效用产生矛盾。比如曾经有人设计过一个有三个壶把和三个壶嘴的茶壶，看上去确实很有新意，但是在使用中一方面这些壶嘴和壶把占据了过多的使用空间，一件看上去很大的壶，其内容空间却很小；另一方面，过多的壶嘴和壶把在使用中常常让使用者无从下手，尤其在清洗时，就好像对着一条多脚的蜈蚣，反而让人无所适从，而那三个直指天空的壶嘴也让人感觉会承纳更多的灰尘。

　　不仅仅是中国，在西方各国的陶瓷造型设计同样也遵循着为生活服务、为人服务的准则，所以不同的生活习惯和民族习惯直接导致各地不同的陶瓷造型设计表现。（图3-3、图3-4）

图3-3　16世纪染付鹤纹大盘　越南

图3-4　15世纪青瓷铁绘花卉鱼纹钵　越南

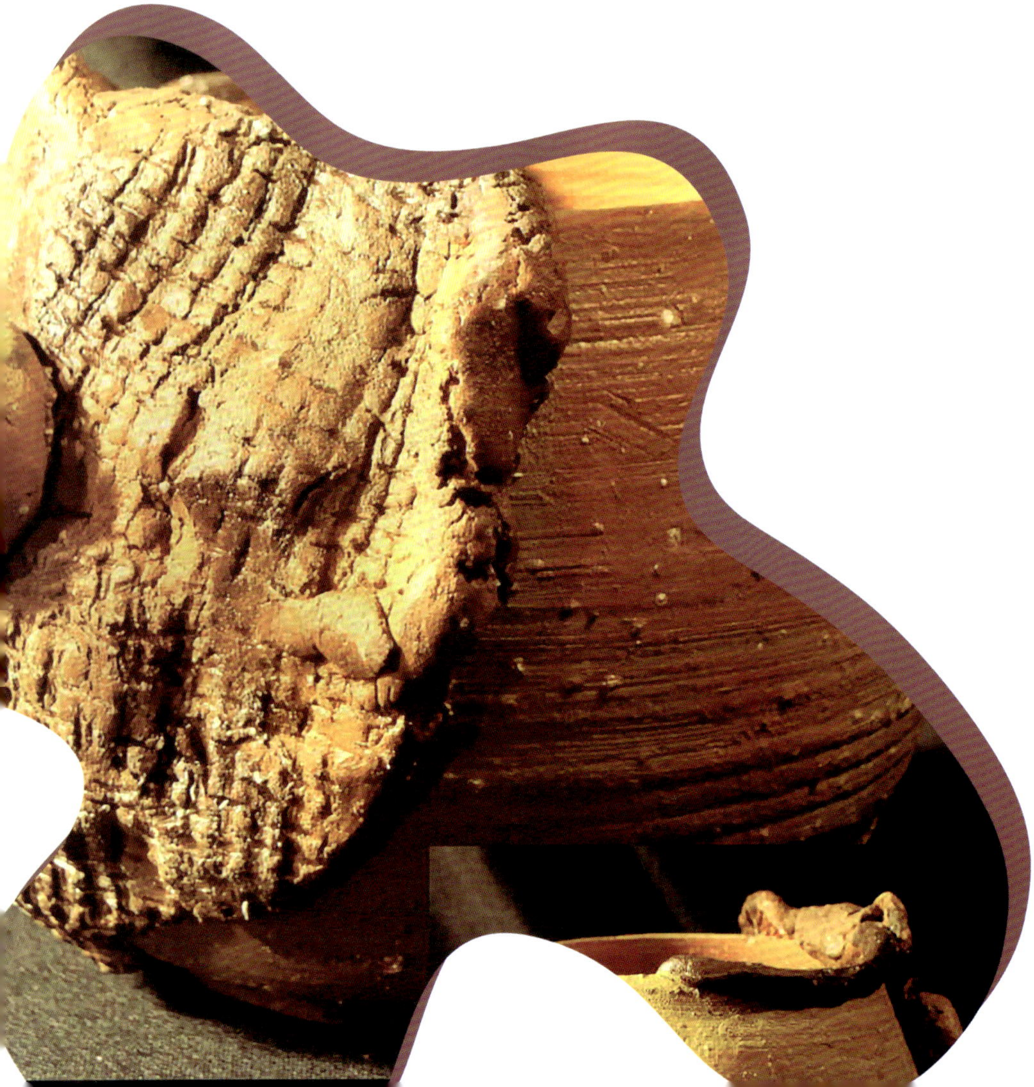

第四章 陶瓷造型与工艺技术

陶瓷艺术设计首先是以物质产品的形式出现，然后，根据"实用、经济、美观"的原则，在功能效用合理的前提下，利用材料和技术条件实现设计构思。随着科学技术的发展，陶瓷材料的选择和加工具有了良好的条件，比如在烧造技术中，窑炉形式和各种窑具的发明与创新，以及对已有烧制经验的总结和积累，都为新造型的出现和造型水平的提高提供了重要的物质和技术条件。

第一节 烧造工艺的影响

传统陶瓷的成型制作和装饰加工，比较多地保留了传统的成型技法和装饰工艺，优秀的陶瓷匠师不只是能够熟练地掌握做陶制瓷的各种技艺，其中的佼佼者更能够在设计和完成生产制作中不断地加以修改和完善，使生产的陶瓷制品给人以新鲜的感觉，从而受到人们的欢迎。不过，在改良的过程中必须要时刻注意对各种工艺技术的适应，尤其要注意对烧造工艺的完整把握。因为，如果设计出来的陶瓷造型无法满足现有的烧造技术条件，那么再美丽的造型也是无用的。比如在制作瓷勺的时候，人们一直希望尽量减少瓷勺的无釉面，但是在上个世纪中期以前，由于吊烧技术还未发明，因此，所有的瓷勺即使形态再优美，也必定会在底部有一圈较大面积的无釉表面，最为细致的支烧工艺也仅能在瓷勺底部和手柄部分留下5个无釉支点。目前吊烧工艺已成熟，瓷勺在烧造时已完全可以达到表面无釉的造型状态，仅于手柄部分的顶端有一小小的吊烧圆孔，在造型上更具整体性和美观性。所以，在陶瓷造型的设计中必须时刻关注目前的制作工艺和技术水平，以此来创造出更为新颖和令人惊叹的造型形态。

第二节 材质特性的影响

陶瓷造型设计师都应具有务实精神，他们应当以制造器物为造型意识的主导，这是进行创造性劳动的思想基础。也就是说，在设计造型时应结合他们在日常生活中对所使用器物的观察和体验，不断积累经验，在设计时设身处地地思考，才能寻求到比较好的造型形式。同时，设计师应当从陶瓷造型的合理结构形式去思考，而不是着重于某种具体形象的塑造。但是，对于陶瓷造型设计师而言更重要的是在设计时必须尊重事物的客观规律，从生活需求的实际出发，按照材质美的规律去创造造型。比如说陶瓷的造型要考虑到材质的特性和生产技术的限制，兵马俑设计的骑兵形象由于烧成技术的原因决定了所有的骑兵只能站立在马的旁边而无法乘骑在马背上（图4-1）；景德镇的泥料属于瘠性泥料，耐热急变性能较差，所以无法制作那些过于高

图 4-1

挑纤弱的形态,比如荷花的茎秆;注浆这种生产技术也决定了在陶瓷造型中尽量少制作那些器壁过于直立或规整的造型,如过高的圆柱形、正方形等。(图4-2、图4-3)

此外,在进行陶瓷造型设计时,在应用工艺材料方面,应该明确地认识到每种材料都有其使用的造型特点。细瓷造型规整、严谨、秀巧、光挺、明确;粗陶造型自然、粗犷、浑厚、朴拙、含蓄。关键在于取得造型与材料的和谐。也就是说,瓷器造型的突出特点应当是精致、秀巧、挺拔、规整,给人突出的印象;而陶器则常常可表现出粗犷、豪放、自然、古朴的特征。这种造型上的差异一般是由原材料性质和制作技术决定的。在原材料方面,陶土的提炼比较原始,陶泥的颗粒相对较大,由于羼和料的存在,陶土表面略显粗糙,适合于表现粗犷豪放的造型,并也因此具有良好的黏性,耐热急变性能较高,不易开裂,适合于表现各种自然原始的形态,并能完成如长条、圆环之类的较高难度造型。但瓷泥经过多次细致的淘洗后,杂质较少的同时,羼和料成分剧减,因而瓷泥的耐热急变性能较差,很难完成过于曲折或修长的造型。不过,瓷泥的优点在于经过仔细淘洗后的泥料质地细腻、颜色白皙,特别适合于表现精致秀巧、柔和连绵的曲线造型。在制作技术上,陶器与瓷器均可采用拉坯成型的方式,但陶器制作中一般常采用泥条盘筑及泥片成型的方法来完成造型,主要是由于陶泥本身良好的延展性可以为这两种成型方式提供更为细腻的边角转折关系,以强调造型的空间结构和泥料特性。而瓷器常采用的拉坯成型方式利用辘轳车擅长于表现规整的造型方式,并且在转动的辘轳车上修坯可以达到一定的薄度,使得烧成后的瓷器透明而光亮。(图4-4、图4-5)

图4-2

图4-3

图 4-4

图 4-5

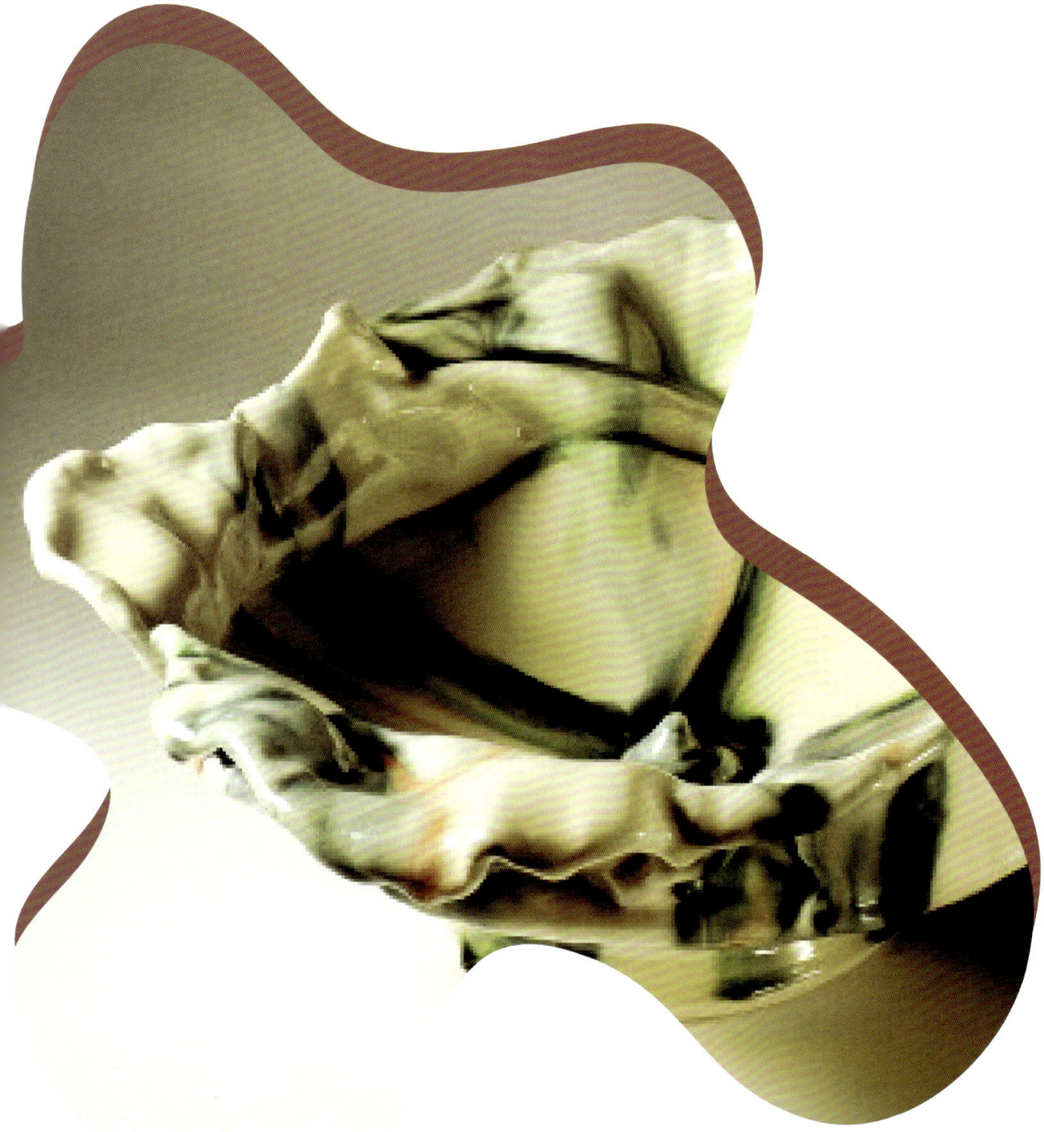

第五章　陶瓷造型的审美表达

陶瓷造型其实并不是单纯指器物的制造,也不是单纯技术和工艺上的创造,所谓造型实际还包含了在审美基础上的艺术创造过程。

第一节　形式美

1.造型形式美与装饰之美

从外在形式上看,传统陶瓷的造型意识是属于抽象形态占主要地位的,造型的目的性直接而明确:是为了实现造物成器用的,而不是为了模仿或复制某种物体的形态。因而传统日用陶瓷的造型通常较为简洁单纯,具有一定的抽象特征,且能明确地表现出这种陶瓷造型是对软质材料自由塑造成型的产物,顺应材料的自然属性,求其畅达自如,让人领受轻松快适、行云流水般的韵味,自然天成的美感。比如,中国古代官窑陶瓷制品的造型,给人的感觉是一种近乎对硬质材料强制加工的产物,整体形态和细部处理显示出一种严整、光挺的美感,让人感受到作者严肃认真的精神、高超的技术和坚韧的毅力。

形式美感最直接的表现是造型和装饰两个方面。正如王朝闻所说:"工艺美术,也可称之为装饰艺术……工艺美术作品不能没有装饰性、装饰味或装饰风格。""装饰性"是工艺美术或称装饰艺术的重点,因此研究"装饰艺术"就要从"装饰"着手。许多专家学者都从不同的角度对"装饰"下过定义。列夫托尔斯泰认为各种装饰品的艺术内容并不在于美,而在于线条或色彩的结合所引起的赞赏喜爱之情。苏珊·郎格认为"装饰不单纯像'美饰'那样涉及美,也不单纯暗示增添一个独立的饰物。'装饰'(decoration)与'得体'(decorum)为同源词,它意味着适宜、形式化。"李砚祖所著的《工艺美术概论》一书中说"装饰作为一种艺术方式,它以秩序化、程式化、理想化为要求……装饰性首先是一种性质,一种通过装饰形式得以抽象化、图式化、平面化的艺术品质。"综合这些观点可以得出一个结论,即装饰不是一种自由的艺术和自在之物。它被置于装饰物的母体上或母体之中,作为其承受体的外在表现,而不是装饰纹样的自我表现。也就是说,造型决定着陶瓷器物的基本形态;而装饰则起着加强整体的形式美感的作用,或是在一定条件下,以造型为载体,依托造型表现装饰本身的意蕴。

在陶瓷艺术设计中,造型本身也是具有装饰性的。即使是以实用为主的日用陶瓷造型,在符合功能效用的前提下,也还要注意比例的调整,线条的变化,细部的处理,否则会使造型显得呆板僵滞,缺少美感。比如设计一件茶壶时讲究壶体造型不可过大或过小,现在一般要求壶体的大小受所配茶杯的数量、大小决定。一个配有4个茶杯的壶,其容积量应是4个茶杯总容量的2~3倍为佳,这种设计除了有对实际使用功能的要求之外,还受制于消费者的视觉美感,就好比乒乓球和芝麻两者之间的体积没有可比性一样,过大或过小的茶壶与茶杯配合到一起之后就会显得头重脚轻,毫无美感。(图5-1)

图5-1

陶瓷器各种造型的体量不同，大小件相差很多，大件的可以比人还高，小件的可置于案头或在手中把玩。对于不同尺寸的造型也有不同的设计要求，比如景德镇的万件大花瓶在造型设计中就要求尽量以柔和的正反曲线构成，这样既容易成型，而且烧造成功率大，也便于装饰，并可呈现出宏伟磅礴的气势；如果是小件造型的话就要求设计一定的细节，比如宜兴的紫砂壶在造型时特别讲究转折线条的挺拔爽朗，可以突出小件器物精致细腻的特点，使人百看不厌（图5-2、图5-3）。

2.形式美与光线

从三维的角度上来看，陶瓷的造型表现与光线的作用是密不可分的。首先，陶瓷器皿是三维空间的立体造型，它诉诸人的感官，主要是通过视觉和触觉两方面。因为人们在使用或欣赏陶瓷器皿时既要求有舒适的触觉，也需要有优美的视觉感受。换言之，陶瓷器皿对于触觉的作用主要是关系到功能效用，而对于视觉的作用则主要是关系到形式美感，即前者侧重于生理方面，后者侧重于心理方面。（图5-4）

站在客观的立场上来看，人之所以能够通过视觉，看到陶瓷器皿的造型样式，它的形体起伏、体量大小、表层质地、线角转折、色彩变化等等，都是由陶瓷器皿的造型因素决定的。所以光线就是造型得以表现的根本条件，研究陶瓷造型基本规律，必须把光的作用考虑在内，适应光对造型的影响。

研究陶瓷造型和光线的关系，必须要注意一般的陶瓷产品都是摆放于正常光线，即以日光灯、白炽灯、自然日光为主的光线中，这些光线以白色或淡黄色为主，能够适中地表现陶瓷造型的空间感。但如果在展厅射灯、有色光源这样的陶瓷的特殊光线环境下造型将会凸显出更为细腻的效果。所以，在目前的生活条件和环境下，日用陶瓷的造型设计最好以基本几何形体表现，如球体和圆柱体。这两类形态便于制作，拥有较大的容积空间，能够表现出丰富的光线变化关系。尤其是球体造型，能够充分地表现出纵横方向的光线变化效果，在同一光源的照射下，球体的陶瓷造型能够同时拥有高光点、过渡灰面、暗部以及反光部，因而是最适合于陶瓷造型的基本型体。圆柱体在陶瓷造型中制作简便，成功率相对较高，拥有较强的垂直感，容易引起欣赏者的审美情感共鸣，尤其是用以表现细腻洁白的瓷质时，圆柱体线型的高光部和反光部可使欣赏者获得独特而强烈的视觉审美感受。此外，陶瓷造型中还常用方形，这种形态线条笔直、块面明朗，尤其适合表现类似于中国传统绘画的装饰题材。但是，在瓷器制作中，由于烧成工艺和材质特征的制约，方形却是最难体现的陶瓷造型，泥坯干燥过程中的

图5-2　　　　图5-3

图5-4

收缩作用以及窑炉烧制过程中泥料在高温下受到的应力作用，都会使方形的陶瓷表面产生凹凸变形。在光线的照射下，瓷器的光滑表面将这种变形映射得尤为明显。然而，陶器在这一方面的要求相对较弱，因为陶泥的质地较粗，对光线的反射也较弱，可以弱化器物造型中的变形缺陷。因此，我们常常能看到方形的宜兴紫砂壶，却较少看到绝对方形的景德镇瓷器。要想解决瓷器烧造中方形的变形问题，可以在制作泥坯时有意识地将大块平面做成微微凸鼓的形态，并可在器皿内部用泥片做成"泥撑"加固平面，这样可以减轻烧造工艺和材质特征对造型表现的影响。

处理陶瓷造型时一定要注意实用性，比如形体转折时形成的夹角切忌过小。如果陶瓷产品的转折夹角小于30度，首先会使得烧制难度大大增加。因为陶瓷，尤其是瓷器的泥料耐热急变性能较差，在干燥过程中，过小的夹角容易使泥坯开裂。其次，夹角过小的陶瓷产品，比如有的茶壶壶盖是凹陷的造型，如果这个凹陷的角度过小，在使用过程中会给清洗带来麻烦。再次，过小的夹角如果出现在茶壶壶嘴与壶体的结合中，将会在光线的照射下形成难看的死角，影响整体的形态美感。（图5-5）

由于光线照射的特征决定了在一件完整的陶瓷造型中，细节的形态变化需要尽量地设计在能够被光线照射到的部位。比如，传统陶瓷造型中常见器物的口部、肩部运用突起的弦纹强调造型的转折，但这种造型细节如果设置于器物的最大腹径以下，即下腹部、足部，当光线照射在器物时，比如，优美的传统陶瓷造型的边口和内外缘相接处有一条严格规整的线棱，在光的作用下，内外缘相接得很清楚，同时也加强了口部的效果，使人感到严整、精巧。此外，像灯草口的处理，就是有意识地利用局部光影变化，产生优美的细部效果，使整体也感到丰富。

3.造型形式美的具体表现

从陶瓷造型设计的角度上来看，优美的造型首先必须符合以下几个条件：适应生活实用需求，符合时代审美特色，满足工艺技术条件。为了满足这些条件，设计师可以通过对形态的扭曲、旋削、叠加、重组等手段来完成。所谓扭曲就是指将已有的形态通过顺时针或逆时针，亦可以不规则的扭动旋转来展现变形体态的动感；旋削则是指对已有形态各部位进行削减后产生凹凸曲面，丰富原有形态的侧边曲线；叠加是指将多个形态进行叠加后获得新形态的方法，这种方法可以在短时期内得到新的造型，亦可在形态的叠加与体态消减中获得新的光影关系；重组是指将原有形态经过分割后重新拼合成为一个整体，类似于中国的传统游戏"七巧板"，在重组的过程中很容易发现原有形态的多种组合方式，从而获得丰富的造型。

此外，从设计美学的角度上来看，陶瓷造型设计中的形式美还可以通过变化与统一、对比与调和、比例与尺度、节奏与韵律、对称与均衡来研究。

（1）变化与统一

在陶瓷造型的设计中，变化与统一是相互关联的两个形式美因素，缺一不可。所谓变化是指以不同的元素组合成一个整体，变化元素可以为我们带来灵活多变的视觉审美效果；统一则是指以一个元素将各变化点串联起来，使变化中呈现出一致性。比如设计一套茶壶时，可以通过壶把与杯把造型的统一来串联每一部件形态上的变化，从而满足消费者对美的需求。要注意的是过度的变化会带来杂乱的感觉，同样，过度的统一也会给人以呆板之感。

图5-5

（2）对比与调和

所谓对比就是指"同中求异"。如果一件陶瓷造型的设计中相同点过多，则需要加入一些对比元素来增加造型整体的活跃度。同样的，调和就是指"异中求同"。当陶瓷造型中细节元素或变化元素过多的时候，就需要用一种共同的元素来缓解过于紧张的气氛，使陶瓷的整体造型显现出柔和的状态。

（3）比例与尺度

尺度是指用衡量工具测量出来的具体尺寸长短，一般情况下，尺度关系是不会改变的，而比例则是指各种形态对比后所产生的数量关系，对比的对象不同会促使比例结果产生直接的变化。在陶瓷造型设计中，一定要注意形态尺度与比例关系的把握。比如一件茶壶，如果将壶体做得过大，而壶把与壶嘴做得过小，则会给人以头重脚轻的感受。如果壶体的整体比例适中，但是所配茶杯的形体又过小的话也会给人"不配套"的视觉感受。（图5-6~图5-8）

图5-7

图5-6

图5-8

(4)节奏与韵律

在陶瓷的造型设计中通常可以看到以曲线和直线构成的节奏感与韵律美感。虽然节奏与韵律是属于音乐艺术中的名词,但是如果我们将陶瓷造型的曲线和直线分别看作不同类型的乐器,则不难在其中看出抑扬顿挫的节奏感。优美的韵律能使陶瓷造型意味隽永。比如玉壶春瓶便以其细长颈和矮鼓腹的造型表现了生机勃勃的韵律之美。(图5-9)

图 5-9

(5)对称与均衡

在陶瓷造型设计中,所谓"对称"通常是指绝对对称,即某一件设计物在其本身中轴线两侧的形体从几何学的观念上来说属于完全相同的造型方式。而"均衡"则指一般对称,比如自然界中所有事物均可看做是均衡的,即中轴线两侧约略对称。今天我们认为,造型设计中如果采用对称的形式美方式容易获得较为稳定的视觉感受,所以对称的造型方法常用于日用瓷产品的设计中。而均衡的造型方式相对自由,且容易获得活泼有趣的视觉效果,所以在设计时往往作为陈设瓷造型的表现方法。(图5-10、图5-11)

总而言之,在陶瓷造型的形式美表现中没有哪种美是绝对的,也没有哪种美是永恒的,只有当这种美适合了当时当代的生活需求和审美观念时,我们才会认为它是美的。

图 5-10

图 5-11

第二节 功能美

陶瓷造型是陶瓷制品存在的基本形式,根据其功能效用来决定造型的结构与形式,区别于原始状态的模仿转化和象形取意的方法。由使用而出发的造型思考,是一种从实践经验出发、自觉形成的功能效用的设计。因此,与形式美的外在表现不同,功能美是内在之美,是由消费者在长时间的使用中的具体感受结果,对于设计师而言,功能美是建立在长期生活经验的总结之上并通过逐渐沉淀而获得的。所以说,功能美的获得是一项长期的工作,并不能一蹴而就。从另一个方面来看,陶瓷作品的形式美感和功能效用总是分不开的。陶瓷造型设计并不会因需要满足实用功能而不考虑形式美感的表达,形式美感和实用功能是水乳交融地联系在一起的,特别值得强调的是,许多优美的造型样式,都是基于合理的功能效用而形成的基本形式结构。合理的功能效用是构成形式美感的重要因素之一。所以,由于各类陶瓷造型的样式结构并不是不可以改变的,如果新的造型设计要改变原来造型的形式结构,就要考虑到使功能效用和形式美感产生有效的变化,造型形式与功能效用之间还应该保持着和谐的关系。

设计陶瓷产品时必须尊重陶瓷造型自身的属性和规律,从实际需要出发,寻求合理的造型形式。在造型观念上要注重功能的结构合理,抛开那种盲目追求对自然形态的简单模仿,以直接的、单纯的、朴素的思维来考虑造型形式,以传统陶瓷造型样式为楷模,结合具体的需要,创造出兼具实用性和艺术性的陶瓷造型。

其实,无论是哪种造型方式,其最终的设计目的都是为了能够更好地使用,造型的变化往往跟随着使用者的实际需求而变化。比如,中国六朝时期鸡头壶的造型变化就是为了更便利地使用,从三国时期单纯的鸡头装饰,到南北朝时期逐渐改变将鸡

图 5-12

头部分作为壶流的设计正是在日常生活之中慢慢积累起来的功能需求。目前，生活条件越来越好，对于陶瓷造型的功能要求也越来越高，在欧洲很多的陶瓷产品设计师也开始考虑到设计造型时更加积极地表达功能之美。芬兰金枪鱼公司设计的瓷茶具就是其中的代表之一，将木与瓷两种不同的材质进行结合，在造型表现上，简单的直圆柱筒形体大方实用，底部的木片既丰富了整体的造型曲线，也提供了更为实用的功能，装满热水的水杯或茶壶有了木片的包裹能够更好地起到防烫的作用，可以脱卸的木质结构则能够满足洗碗机清洗瓷器的需求。（图 5-12~图 5-15）

因此，功能美的宗旨就在于陶瓷的造型使消费者在使用产品的过程中获得便利。

图 5-14

图 5-13

图 5-15

第三节 和谐美

1. 造型本身的对比和谐

陶瓷造型是由形体、空间、线型、质地、色彩等因素构成的，如果每种因素本身不存在差别和对比的话，也就无和谐可谈。对于陶瓷造型的欣赏，我们的视觉是在形体的各种因素变化中，寻求情趣和韵味，并且在这当中得到感受和刺激，和谐则是使心理上达到平衡的重要条件。

在陶瓷造型方面，和谐更有它广泛的含义。陶瓷器具在功能效用、工艺材料和造型样式方面，都应该是协调统一的。正如古希腊哲学家毕达哥拉斯认为"美就是和谐"一样，所谓和谐是指对立面的协调和统一，换言之，和谐产生于相互之间的差别。真正的和谐，就是把相对立、矛盾着的、有差异的因素经过独具匠心的处理，达到一种新的结合关系。

古希腊美学家赫拉德里克认为"看不见的和谐比看得见的和谐更好"。所以说，陶瓷造型的和谐，最重要的应该是形式结构与功能效用的协调，这就明确地规定了，造型的外部形态要明确地、直接地体现自身的功能效用。

在日常生活中，各种陶瓷器具的造型形式总是给人以直观的感受，通过视觉和触觉产生作用，在人们的心理上引起反应从而决定购买行为。比如中国宋代景德镇湖田窑烧造的影青斗笠碗在造型上表现出明显的小底大口的喇叭造型，这种造型在视觉上给人以容易倾倒的感受，因此消费者在使用时便会不自觉地认为这种造型的产品需要小心对待，细心使用，加之斗笠碗的传统造型中口部边沿被工匠们有意识地制作成轻薄的形态，所以更加给消费者带来了一种"高端产品"的心理暗示。由于消费者第一眼接触造型后所获得的心理印象可直接影响其购买行为，因此，在陶瓷造型设计中，应该尽量避免那种功能效用与造型形式结构不和谐的现象。比如在当今陶瓷市场上有一类器物造型既有罐的特征又有瓶的造型特点，浑圆而粗重的罐体配合了一个细而长的花瓶口，在使用时常常给人带来疑惑——如果是罐，那么纤弱的瓶口就显得多余了；如果是花瓶，那个口部却只能插放一支甚至于半支花，使用时在视觉上完全没有美感可言。（图5-16）

和谐关系还可以从形体的对比上获得，比如直线与曲线的造型结合、球形与正方体的造型结合虽然两者之间在外形上属于对比的关系，但正是这种对比造就了一种和谐的视觉关系。当然要注意当两种对比形态同时出现时，要尽量使某一形体在分量体积上占据绝对的优势，以此突出视觉重心的偏差感，形成有韵味的和谐美感（图5-17）。在陶瓷造

图5-16

图5-17

型中最常采用的和谐造型方式还是曲线的协调关系，比如以正曲线和反曲线来营造整体和谐的美感。在陶瓷造型中正曲线表现为凸鼓的立体形态，反曲线则表现为凹陷的三维空间，整个形体呈现出起伏变化的和谐美感。当然，这种构成形态也要注意各曲折面积大小弧度的主从关系。

2.造型与装饰的和谐

"皮之不存,毛将焉附"正是造型与装饰的关系。体态的严重缺陷是任何一件服饰都难以弥补的,正如一件没有优美造型的陶瓷,即使是最美丽的装饰纹样也无法使它从"丑陋"中摆脱出来。在陶瓷产品的整体设计中,造型比装饰显得更为重要,因为造型决定着器物的结构和形态,它是器物形式美的直接表现。在中国传统陶瓷的设计中,每一时期的造型与装饰,大体都是相适应的。比如杨永善先生认为："古彩的笔线抑扬有力、色调明快,则多与刚健、挺拔的造型相结合(图5-18、图5-19)。粉彩笔线均匀流畅,色调柔和,则多与精致、工整的造型相结合(图5-20)。这些造型与装饰的结合,无非是在整体设计中寻求艺术风格的协调一致,更加强和突出各自的风格特点。"

图5-18　古彩战将纹大盆　清

图5-19

图5-20

由于陶瓷器物的造型和装饰是一个整体,不能孤立地割裂开来进行设计,所以在设计时应当建立起一个整体的观念。即便是单一的贴花纸装饰设计,也必须考虑到造型的特点,参照造型的装饰部位和适应装饰面的要求,这样才能取得统一和谐的效果。也就是说,同时,不同的装饰手段对陶瓷的造型要求也不相同。比如龙山文化的黑陶器物(图5-21),由于陶泥本身呈黑褐色,因而无法以彩绘的技巧装饰,当时也没有釉面的装饰技巧,单一的黑色虽然很沉稳,但也对陶器的造型提出了较高的要求。黑陶的造型不能过于简洁,因为光线的反射和漫反射原理使得过于简洁的造型只能将平行照射过来的光线持续平行地反射到欣赏者的眼睛中,无法赋予陶器表面丰富的视觉效果,而凹凸起伏、曲折有序的造型线条却能将平行光线散射到各种不同的角度,这样可以使同样的一束光线在照射到陶器表面时能带来多样的光影效果,强化陶器的装饰性。但是如果准备以丰富的釉下或釉上技法装饰陶瓷时,则需注意不要用过于复杂的造型来创作陶瓷产品,以免出现喧宾夺主的后果。一般说来,这类造型最好拥有连贯柔和的线条,起伏转折不宜过大。另外,在陶瓷领域中,造型和装饰的风格也要讲究协调一致,比如用粉彩(软彩)装饰的瓷器一般要有比较缓和的造型曲线,而以古彩(硬彩)装饰的瓷器则可以具有相对几何的造型形式。

在通常的情况下,陶瓷器的造型与装饰二者之间的主次关系是十分明确的——造型是首要的,是起主导作用的方面;装饰是从属的,要根据造型的特点来考虑装饰的效应。实用性比较强的日用瓷,在这方面表现得更为突出。因为具体的使用要求决定了日用陶瓷造型的基本结构,形式美的处理是在造型基本结构的制约下进行的。这个问题早在19世纪英国威奇伍德公司的设计中就已体现了出来。当时公司的创办人约瑟夫·威奇伍德为了满足大机器化生产需求以及不断增长的市场需求,率先提出在同一造型日用陶瓷上以不同花纹装饰来增加产品的销售种类(图5-22、图5-23),并获得了成功。在今天的日用陶瓷的设计中,设计师们也常常是以不变的造型来配合多变的装饰,从而获得丰富的审美效果。因为一套茶具的造型变换,所投入的人力

图5-21

图5-22

图5-23

和物力都是比较大的，周期也比较长；茶具的装饰设计在造型不变的情况下，设计和投入生产是很方便的，并且能够给消费者以新鲜的感觉，所以用多种装饰去适应器型，也体现了造型为主的特点。装饰在这种情况下，都要根据造型的特点来设计，造型起决定性作用。当然，在设计造型之前也应当充分地考虑到以后的装饰，如果准备以贴花纸装饰，就需要在贴花的部位尽量设计直线侧面或小块平面，以方便以后的装饰过程。不过总的说来，在日用陶瓷的设计和生产中，造型的重要性始终略大于装饰的重要性，造型所带来的使用功能就成为了消费者是否能够接受的重要指标。(图5-24)

3. 造型与人性的和谐

人性的关怀在今天的设计界中越来越被重视。自北欧至亚洲，几乎所有的设计师都在谈论如何让人更好地使用设计，获得满足感。在陶瓷造型设计中，人性的和谐更多地体现在造型所表现出来的人机工程学领域。早在文艺复兴时期，达·芬奇等人就已意识到人体尺寸与艺术之间的关系。20世纪中期，美国设计师德雷夫斯也在进行了大量的测量工作后将人体的平均尺寸表现于其著作《人性化的设计》一书中。今天，人机工程学已经成为一门独立的学科，对各种产品设计起到积极的指引作用。陶瓷产品的设计不外乎是日用瓷和陈设瓷两类。在日用瓷设计中，人的手部尺寸直接影响了陶瓷造型的设计，比如碗的高度最合适的尺寸应是人拇指至中指之间的距离，杯把的长度应是人四指并拢后的宽度等等。在陈设瓷的设计中，人机工程学的领域已扩充到心理的层面上，比如陈设瓷的造型不可表现出过度的倾斜或头重脚轻的状态，以免引起使用者不安的心理反应。另外，在某些技艺方面也需重视某些因过于强调技巧而引发的不和谐因素，如不切合日用陶瓷的实际情况，片面地追求瓷胎的薄巧，不能保持瓷器的坚固程度，使消费者无法获得美好的使用感受，这对于陶瓷造型设计而言也是一种不和谐的表现。

今天，造型与人性的和谐已涉及人的生理、心理、社会功能等多个层面，因此，造型设计的和谐与否需要设计师在日常设计中更多地研究已有范例，总结经验。(图5-25)

图5-24

图5-25

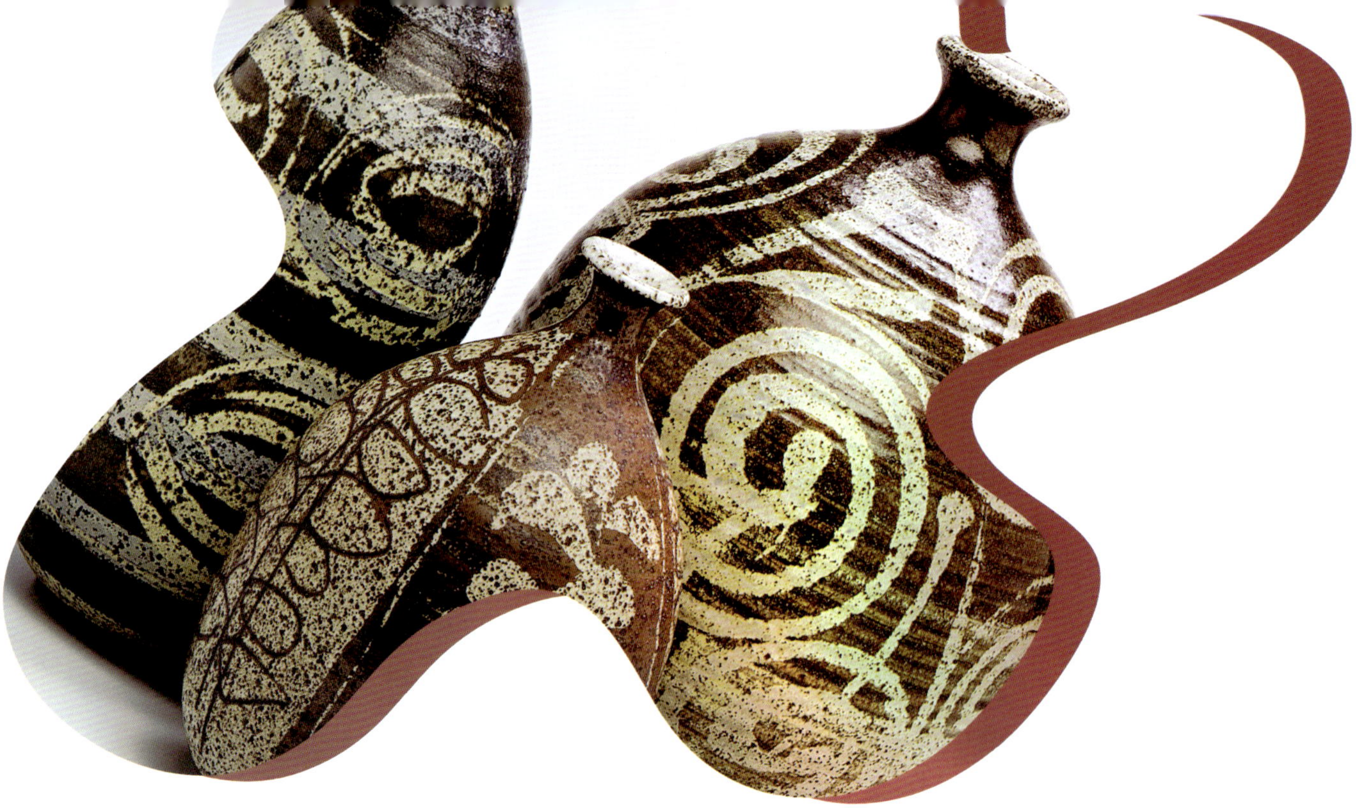

第六章　陶瓷造型的艺术语言

第一节　日用陶瓷造型设计中的点、线、面

从图案的构成法则来看，任何艺术形体都是由点、线、面三者组合而成的，因此，在以实用功能为主的日用陶瓷造型的设计中，设计师首先要了解和掌握点、线、面元素的运用法则。

点是构成形体的最小元素，可以说在陶瓷造型上遍布着点。但是站在欣赏者的角度来看，能够引起注意的点一般而言集中在嘴的顶部，嘴与身的连接部，盖钮顶端，把与身的连接处，足的边沿等部位，这些点一般均表示某一形体的结束及另一形体的开始。所以，在设计时，点的位置及体态大小要尽量明确、干净，不能有拖沓冗长的视觉感受。

线是由无数的点所构成的形态元素，从任何一个侧面去观察陶瓷产品的造型都不难看出以众多曲线或直线构成的造型轮廓，曲线与直线的配合完美地表现出陶瓷造型的韵律美感，但也从另一个方面提出了问题，设计师究竟如何才能利用好"线"元素。杨永善先生认为："利用线的运动构成造型形态要发挥想象力，通过线的运动，想象到形成面和体的效果。"用线的运动来构成造型，应该掌握各种起主要作用的元素，其中主要有以下几个方面：首先是线段本身的变化，其次是中轴线的因素，最后是线段的运动轨迹。具体说来，线本身的变化包括陶瓷造型的各部位轮廓线，每一根线条的长短、曲折、粗细都会直接影响到陶瓷造型的形式表现，而线条的长度和曲度也会直接影响到陶瓷造型的高度和起伏翻转变化。比如一件瓷碗如果具有短线条构成的足，则其造型挺拔硬朗，而没有足的瓷碗在造型上则略显矮胖敦厚，线条的细微变化可引起造型上极大的差异。对于每一件陶瓷的造型而言都会拥有中轴线，虽然中轴线本身不可能有太大的变化，但是每一条边线与中轴线距离的变化也会直接导致造型形态上产生巨大的差异。再者，一般陶瓷造型的线条都是围绕中轴线进行圆周运动后获得的规

整圆形，但如果改变或晃动线条运动的基本轨迹，就可以获得更加多样的平面造型，如椭圆形、方形、花形等。

形态构成中最大的元素——面是由线条组合而成，因此，面的表现形式较之于线条更显多样。在设计陶瓷造型的时候可以通过将单独的"面"进行旋转、平移、折叠、扭曲的方式获得立体的造型效果。无论使用哪种方式，都应注意不要使面的形状过于复杂，因为太复杂的形态并不适合于陶瓷的生产和烧造。（图6-1）

图6-1

第二节 艺术陶瓷造型设计中的手捏、泥条与泥片

与日用陶瓷强调理性的使用功能不同，艺术陶瓷主要是针对以审美欣赏为主要目的的消费群体，这类消费者在欣赏陶瓷作品时只关注其外在形式美与内涵之间的结合是否紧密且耐人寻味。这类艺术陶瓷作品在今天常被称作"陶艺"，即以彰显艺术性为主要目的的陶瓷作品。因而，艺术陶瓷在造型中首先讲究的是其外在与内在的审美特质。针对这一特征，自20世纪40年代以后，以美国皮塔·沃克斯(图6-2)和日本的八木一夫(图6-3)为代表的陶艺家们开始热衷于设计以表现力多样的黏土来展现无实用性纯造型艺术陶瓷。如今，人们普遍地认为艺术陶瓷属于一个独特的艺术门类，它不同于以表现高超工艺技巧和迎合消费市场为目标的日用

图6-2

图6-3

陶瓷产品。在当今的艺术语境下，艺术陶瓷已逐渐成为艺术家用以书写个人情感的一种载体，他们充分发掘黏土的特性，以此来构建陶艺作品新的艺术语言。成功的陶艺家能够娴熟地运用各种造型语言表现陶艺作品丰富的艺术内涵，将现代艺术陶瓷优美的造型与深刻的内涵进行完美地展现。

就造型来看，黏土柔韧的特性使艺术陶瓷能够以手捏、泥条、泥片、拉坯等造型方式来完成，陶艺家通常依据作品所需的艺术内涵来选择特定的造型语言：手捏成型中自然的挤压痕迹可用以强调陶艺作品朴质无华之美；泥条盘筑中有序的上升态势可用以展现陶艺作品介乎随意与规范的特征；泥片的卷曲与坍塌能够强化陶艺作品"自然天成"的泥性表现。正如李砚祖先生所言："一个手印、一道指纹无不记录着人的情趣意志而又同时表现着泥本身，这些特质在其他材料中是不可能存在的。"正是这些独特的造型语言造就了艺术陶瓷独特的精神品质，使其凸显出一种与众不同的艺术内涵，成为包括毕加索在内的众多知名现代艺术家乐于采用的艺术材质和表现媒介。因而，当今众多的陶艺家在创作作品时无不积极地寻找适合于自己的语言模式，在表现泥性极致的同时使内心情感得以表露。

艺术陶瓷的造型语言是多样的，但无论哪种语言都建立在"因材施艺"的基础上，即泥、火与水的特性决定了艺术陶瓷的所有造型语言形式。（图6-4、图6-5）

泥土本身具有松软且坚硬的矛盾特性，与水结合之后成为柔软而具有韧性的材质，但当这种材质与火接触之后则又具有了无比坚硬的性质。因此，陶艺创作便是一种必须同时满足两种对立材质特性的艺术创造活动，经过众多陶艺家多年的探索与选择，艺术陶瓷已逐渐拥有了与雕塑、绘画、传统工艺完全不同的艺术语言形式。目前最为常用的造型语言集中于手捏成型、泥条筑型、泥片成型这三类。

1.手捏成型

手捏成型可以说是最为传统的一种造型语言。根据考古学资料可知，新石器时代制陶工艺出现之

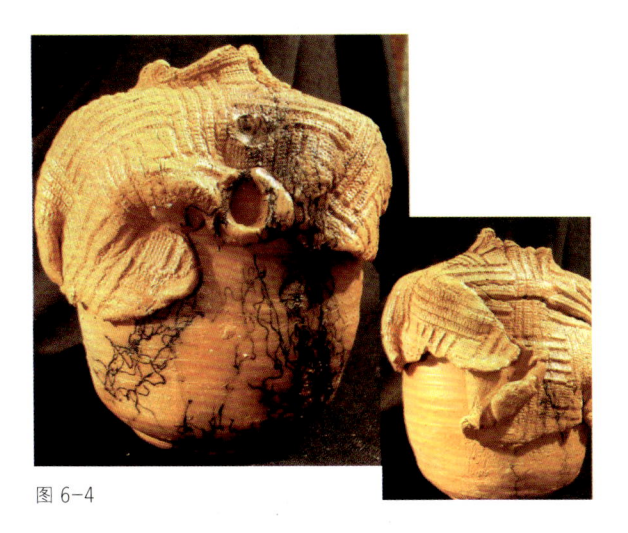

图6-4

图6-5

初，人们使用手捏的方式制陶，所谓"捏制"。早期陶器以满足实用为目的，其陶器品种大都为盆、罐、壶等日用器皿造型。经过近万年的发展演变，在近现代，随着审美观念的不断变化，古老的陶艺成为艺术家实践现代艺术理想的极好方式和形式，艺术家们受到包括工艺美术运动、新艺术运动、现代主义设计风格在内的众多艺术流派影响，几乎都对大机器化生产方式及其结果产生了某种抗拒心理，并产生了回归自然、回溯历史的愿望，因而古老的手捏成型制陶方式便成为陶瓷艺术家首选的一种艺术语言。"捏制"主要是捏制泥片，依靠不同的厚薄、大小、形状各异的泥片，或重叠、或相接、或镶嵌、或相望，构成艺术家理想的造型。捏制的制陶方式，其最大的优点和最为艺术家倾心之处是其泥性的呈现和造型的无碍及其无限的表现力。艺术家仅仅依靠简单的工具或者全部依靠手的力量造出任何泥都能够表现出的形态。在这里，艺术家使用这一原生的自然材料、原始的造型方式，创造出极为现代的造型和陶器，其体验、其快乐、其深刻、其大美都是无可替代的。因此，陶艺几乎成为所有现代艺术家的挚爱。从高更、毕加索到专业的陶艺家，都在手捏制陶中获得丰收。

当代陶艺家们在不断地探索中也逐渐丰富了手捏成型的表现方式。他们将"捏"这个动作语态扩展到"揉"、"搓"、"挤"、"压"甚至"刨"、"削"等成型方法中，以特定的工具辅助黏土自然形态的表现。在法国陶艺家让·弗朗索瓦·富尤的陶艺作品中我们便可找到通过"挤捏"、"拉伸"、"刨削"方式展现的陶艺造型（图6-6）。富尤善于将泥块捶打成为自然的形态，然后利用刀具对泥块的内部进行切削打磨，同时泥块外部却保持手指捏、捺、抹的痕迹，烧成后的作品呈现出兼具"人工斧凿"与"自然天成"的双重审美属性。

图 6-6

如今对于手捏成型语言的不断丰富与扩充也越来越体现出中西方文化相互影响和交融。传统的西方审美意识认为陶艺应该注重装饰图案的精美设计以及对表象化的原始风格的追求，但自20世纪初期开始，受到日本、中国等亚洲国家陶瓷艺术的影响，今天的艺术陶瓷已逐渐融合了多种艺术审美特征，形成兼具东方人文精神和西方表现主义的新的对话方式，在人为的制作过程中"不经意"地流露出艺术陶瓷崇尚自然、返璞归真的品格。

2.泥条成型

泥条成型也是最原始的陶艺造型方式之一。现有资料表明早在距今1.2万年之前中国便已出现早期的泥条盘筑技法，并逐渐出现了泥条圈筑的技法。虽然泥条成型的造型语言明显晚于手捏成型，但这种技法产生之后便迅速地成为了在拉坯成型出现前最为重要的陶器成型方法。当艺术陶瓷的新趋向逐渐形成后，陶艺家们为泥条成型赋予了新的思想与内涵，用景德镇陶瓷学院的周国桢教授的话来说是"陡然觉得像发现了一片新绿洲"。

泥条盘筑成型，一般先将黏土制成泥条，然后在预设的泥片底座上层叠盘绕成为预想造型。与原始社会早期陶器制作中将盘筑好的泥条造型里外抹平，制成表面光滑的器皿以求坚实耐用的做法不同，陶瓷艺术家追求的是泥条盘筑的自然痕迹，即泥条独有的"线条"的特征和其泥性，因此有意强化泥条的粗细、泥质的多变、泥条的转折以及结构的奇异，甚至是围合空间的扩张。运用泥条造型时，艺术家几乎可以不受任何条件的限制，将泥条随意地旋转、扭曲、扩张、收缩，充分调动泥土本身的属性，其中的韵律几可以与书法艺术相媲美，陶艺家在愉悦的心境中完成艺术的创造。因而，泥条盘筑工艺充分挖掘了黏土材质最为本性的表现能力，黏土的原始生命力在这种造型语言中得到了尽情的释放。（图6-7、图6-8）

图6-7

图6-8

不过，如今也有很多陶艺家开始尝试采用其他的新方法来表现泥条的柔韧性及其延展力，比如在姚永康的作品中常常可以看见他尝试采用纤细而修长的泥条挑战陶瓷制作工艺的极致。他在《世纪娃》系列中运用泥条表现荷花的茎脉，其中最长的一根泥条几乎达到30厘米长，而其直径却不足1厘米，这种长度的立式泥条在陶瓷烧成工艺中是很难烧成的，但姚永康则合理地利用了当代烧造工艺的条件，烧制成功，使其作品充分展现出了泥条语言的完美特质。在他的作品中，具有韧性的泥条往往沿着作品的外部自然地弯曲回环，烧成后瓷器的坚硬质地与泥条柔软的形态构成了一个充满张力又意味隽永的矛盾组合体，陶瓷的火性与泥性同时得到了彰显。此外，泥条的"线性"也使得整件陶艺作品的构成表现语言多样性，除去手捏成型构成的点、面之外，线形化解了单"面"造型的呆板和"点"造型的凌乱，泥条在一个三维的空间中串联着"点"同时也划分着"面"，使其成为艺术陶瓷造型中表现力最为丰富的一种语言形式。（图6-9~图6-11）

图6-9

图6-10

图6-11

艺术陶瓷追求多样的表现方式，在不同的陶艺家手中同一种造型语言也会有不同的表现方式和结果。泥条是纤长的也是线性的，但进一步对其加工和改变，能造就不同形态的"线"，如扁线、三角线等等，或通过切割泥片产生的泥条经过拍打挤压，使之相互交叠，逐渐构成一个由线条组成的虚实相间的块面。这时，传统的泥条概念已经有所改变，纤细修长的语言特征被粗厚质朴的线面结合体所代替，这是线的形态，也具有面的特征。

荷兰学者舒尔曼曾说过技术是一种"形式赋予"，即技术产生形式。陶艺的技术形式，即使是泥条筑造方式，它并不是泥条形式本身，而是塑造结构和空间。可以说，陶艺家们造型的最终，都是以空间结构的方式制造作品，诚如美国建筑评论家乔弗莱·斯各特所说"尽管我们可能忽视了空间，空间却影响着我们并控制着我们的精神活动；而我们从建筑所获得的美感——这种美感大部分是从空间产生出来的，即使是从实用的观点出发，空间也理所当然是我们的目的"一样，艺术陶瓷本质上是对空间构成的表现和解释。由此观之，泥条作为一种既可分解又可聚合的造型元素成为艺术陶瓷最佳的选择就不难理解了。美国女陶艺家比恩·芬纳兰是当代在这方面探索最有心得者之一，她说："七年来，我一直在创作一种极其单一的基本艺术形式，一种弧形陶瓷泥条，这是对自然界中多样性的一种冥想……这是对自然进程的另一种表现方式。"在她的艺术陶瓷作品中（图6-12），上千个手工搓制而成的弧形泥条通过特定的搭建方法构成了各种奇特的空间结构，在光与影的交错中完美地展现出艺术陶瓷新的形式含义和内容。她将作为空间组成最基本、最简单的元素——线条，进行改变，抛弃了传统的"挤压"与"黏合"的方式甚至泥条造型的宿命——规律与秩序，让泥条担负起了空间构成的自由元素的使命，她及其作品是受建筑艺术和结构主义影响的直接表现者。

图6-12

3.泥片成型

所谓"泥片"就是指被挤压成扁平片状的泥块，轻薄柔软，十分利于表现各种曲线造型。艺术陶瓷家在使用泥片时常常以"卷制"或"粘贴"的手法来表现器物形态，其中，"卷制"的方式由于会产生中空的造型，因而在干燥及烧制过程中往往会出现自然的坍塌或断裂，陶艺家往往会有意识地利用这一特性来追求造型的自然美。景德镇陶艺家姚永康即擅长这种手法，他创作了一系列此类作品，如《呐喊》（图6-13）。他使用了几乎是一种具有"无意识"叠加泥片的手法，粗糙的大缸泥被滚压成泥片或横向粘贴成型，或辅以手撕的方式，使这件作品表现出了一种粗犷朴素的美感。同样的手法，当材料变换成为细腻的高白泥之后，薄而均匀的泥片，在他的手中往往根据造型的需要细致地卷曲成筒状，并以手指和竹制工具对卷制好的泥片进行叠压，在随后的干燥过程中，由于泥片受到重力的影响还会产生一定的变形，这时泥片往往会形成超出预想的折叠或断裂以致塌陷，一种基于技术层面和无意识的自然变化，带来难以言说的惊奇效果。陶艺家周国桢亦擅长此道，其作品《疣猪》便借泥片自然干燥过程中产生的裂纹来表现动物粗厚皮毛的质感（图6-14），形成独特的艺术语言和造型风格。

在艺术陶瓷中，泥片形态的轻盈感以及造型时形成的卷曲边缘也为我们展示了黏土能够达到的造型可能性，这种看似简单实则复杂的造型语言向我们阐述了艺术陶瓷在材质极限、工艺技巧、艺术家审美修养等方面的综合要求。现在，越来越多的陶艺家开始被泥片所带来的奇特"褶皱"吸引，认真地以泥片作为艺术陶瓷主要的造型语言。日本陶艺家伊藤公象在谈及自己近30年的创作生涯时说："我已经形成了一种'褶皱'的概念，即那种从物质材料中生成的'爱'。用切得薄薄的陶土形成的多软面体，利用陶土与纸的相互作用，活用土的收缩，得到复杂的起伏形状的连续的'褶曲'……那无数的曲面和曲线，以及随即的起伏的集合体所表现出的东西，我称之为'爱的褶皱'。"对于他的这种充满个人情感的描述我们可以在他的系列作品《树之干》、《地之叶》和《池中之浪》中一览无余（图6-15）。轻薄的泥片通过卷曲、折叠形成奇特的褶皱和纹理，似乎是艺术陶瓷这种奇特的艺术品类对于自然的真实映象，而泥片造型的诸多特性正是这一映象得以表现的根本原因。

图6-13

图6-14

图6-15

059

此外，泥片以其轻薄自然的特性也成为陶艺家用以表现书籍、纸张一类事物的首选，在日本陶艺家荒木高子的《圣经》系列作品中便是以泥片的方式来完成一种超现实的表现技巧，为我们揭示出了黏土卓越的模仿特性，成为艺术陶瓷走向超写实主义的路径之一。（图6-16、图6-17）

赫伯特·里德说："陶器是一门最简单而又最复杂的艺术。说它最简单是因为它最基本；说它最复杂，是因为它最抽象……陶器在本质上是一门最抽象的造型艺术。"陶艺作为一种抽象的表现形式，以泥、水与火并通过一定的技术方式实现艺术家的创作诉求亦表现陶艺家内心的真情实感。在艺术陶瓷的情感表述中，造型语言无疑是最为重要的一种传达媒介。无论是稚拙自然的手捏造型、细腻柔韧的泥条成型还是轻盈文雅的泥片卷制都细致地叙述了陶艺家对于泥性的把握以及陶艺家的内心世界。

在日益发展的工业化社会中，陶艺已成为人们接触自然、回归本土的重要媒介。在自然、质朴、天真内涵的诉求中，在诸多的陶艺手法里，捏制、泥条和泥片筑造几乎成为众多陶艺家的根本选择，亦拥有了无可取代的造型价值。可以展望，中外陶艺家将在这方面有着更多的创造。

图6-16

图 6-17

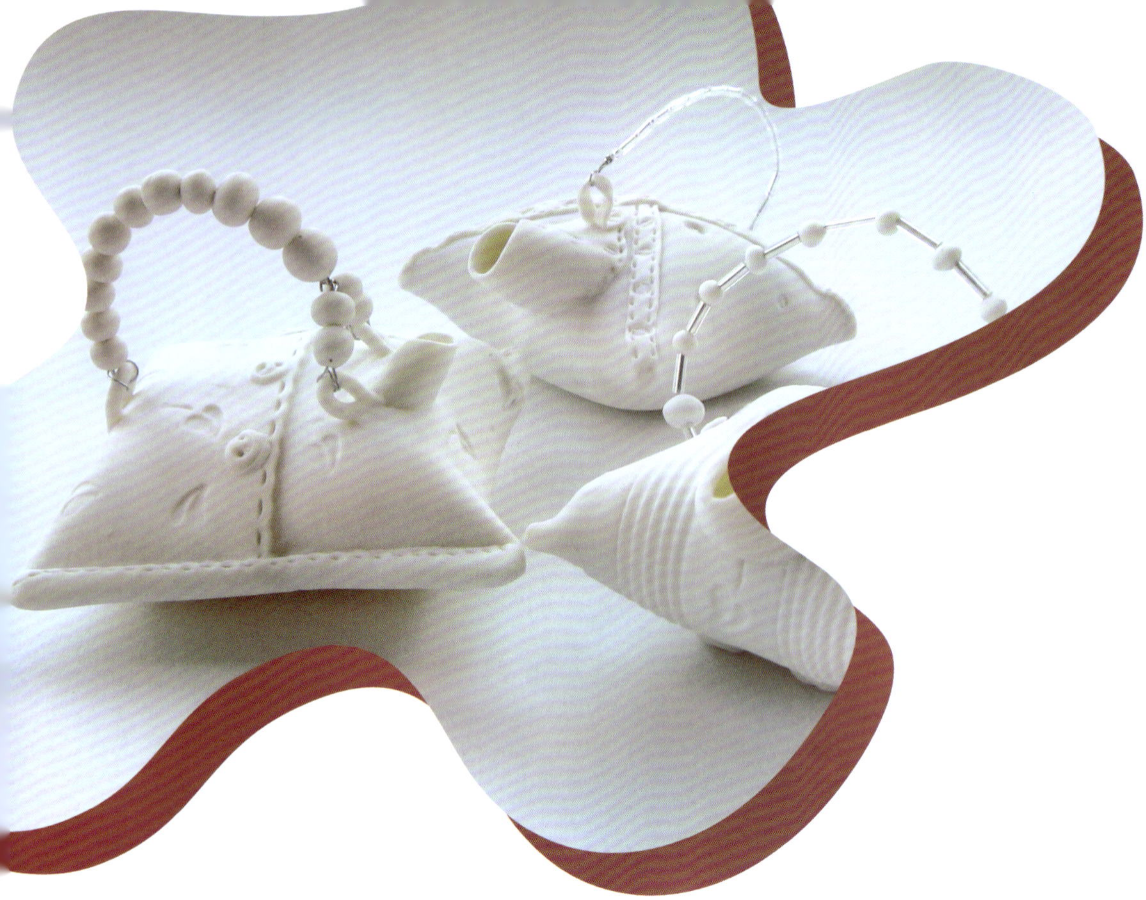

第七章 陶瓷造型设计的程序及方法

第一节 陶瓷造型设计的程序

1.调查及预想

在进行陶瓷造型设计的过程中,首先要对市场上已有的成熟陶瓷造型品种进行深入地调查和广泛地研究,了解目前市场所需的陶瓷造型品种,然后进行相应的设计和制作。在调查的时候可以通过拍照、速写、测绘的方法,熟悉和了解造型的规律,并且要注意在调查时不能仅仅将注意力放在陶瓷造型的外在形式美感上,还要通过观察深入地认识陶瓷造型在人们生活中的作用和位置。要全面地观察,认识造型构成因素中的功能效用、材料技术和形式美感之间的相互关系,以及在所接触到的不同造型中,形态的各种构成要素的运用与组织在造型形式的处理方面是怎样做的。同时,还要清楚地区分各类陶瓷产品的具体使用功能与造型趋势,比如陈设瓷、日用瓷都有自己独特的造型设计规律。

在调查时还要结合当时的社会风俗、政治特色、审美观念、工艺技术等硬性指标来认识造型。比如造型风格是否符合工艺材料的质地,造型的变化是否由于社会制度产生了变革等等。在观察造型时要进行比较和判断,看到各自的特点,加以分析,从而深化认识。

但是,对于造型形态的观察容易有个人好恶的倾向,作为设计师而言就必须排除纯粹个人的审美爱好,从客观的角度上认识陶瓷造型的形式美是如何体现的,每件造型又是怎样处理的。通过多看各种优秀陶瓷造型,认真分析和深入思考,找到陶瓷造型形式美的规律,掌握造型形式美的处理方法。在掌握了已有陶瓷造型的成功技巧后,设计师就可以根据目前市场的需求特色,结合陶瓷造型形式美的各项要素进行预想,在预想的阶段可以通过绘制草图的方式来表现设计意图。

2.定稿及绘图

当大量的草图绘制完成之后,一个较为完整和完善的想法就在设计师的脑海中形成。定稿的阶段就是要求设计师将已有的各种预想结合目标消费者的现实需求和审美特征进行相应的改良,在定稿时必须充分地考虑社会审美倾向、工艺技术能力、实际功能需求等多方面的内容,在功能形式和审美形式上达到统一,这样就完成了陶瓷造型的定稿。

定稿之后的陶瓷造型需要绘制成标准的生产工业图,以此来告知制作者如何实现这件陶瓷产品,绘制的生产工业图一般以三视图的方法来完成,设计师将定稿后的陶瓷造型通过标准的剖面图、顶视图、侧视图详细地表现出来,即将设计好的陶瓷造型从整体到细节部分都详细地用平面图像的形式进行展示。一般来说,常用绘图纸为全开1 189毫米×841毫米,按照具体需求可裁开使用,绘制在图纸上的陶瓷造型应与实物大小相同,比例为1:1。在绘制时各种线条的要求亦比较严格,如表示造型可见的外轮廓线以宽度为0.6毫米~0.9毫米的粗实线;表示造型内轮廓线、尺寸界限、表面转折线和坯体45度夹角的斜线均为宽度0.3毫米的细实线;表示坯体不可见的轮廓线为宽度0.3毫米,长2毫米的虚线;表示造型中心线为宽度0.3毫米,间距5毫米,长10毫米的点画线等等,这些标准的绘制格式使得此类生产工业图能够真实地和详细地表现出设计师的各种设计意图,能够用以直接指导生产。以往设计师常常用手绘的方式绘制生产工业图,但是目前随着电脑技术的日益普及,生产工业图已经可以用电脑CAD软件来绘制。

3.制作实现

陶瓷造型的制作可以通过黏土和石膏两种方式来完成。一般而言,用黏土造型的方式通常用于小批量样品的制作,而石膏成型的方式则常用于大批量工业化产品的制作。

(1)黏土造型的方法

所谓黏土造型就是指用陶泥或瓷泥按照之前绘制好的生产工业图制作成实心的实物模型,这种模型最终可以用来翻制成石膏模具。在制作时,首先应仔细地揉搓泥料,使之均匀。然后将揉好的黏土放置于转盘上,用木拍反复地拍打,使其形状接近所设计造型的高度和宽度,置于避光无风的荫凉处晾干,再用金属刀具旋削加工。在旋削时需要将黏土团放置在手动转盘的中心部位,一手旋转转盘,一手持刀旋削黏土团,先旋出大致的形态,再深入地修正细节转折部位,然后用木质或角质的抛光工具将黏土造型打磨修整。

(2)石膏造型的方法

现今最为常用的工业陶瓷造型方法就是石膏造型的方式,以石膏来表现陶瓷造型在制作时既简便又易学,并且成本相对低廉,成功率很高,所以在工厂中,石膏造型也是最为普遍的方法。

石膏造型首先要准备模种机(图7-1)、金属刀具(图7-2、图7-3)、竹木刀具(图7-4)、卡钳(图7-5)、直尺、三角尺、圆规、砂纸、油毛毡、绳子、毛笔、脱模剂(图7-6)、石膏、黏土等工具设备,然后按照一定的比例将石膏与水调和成半黏稠状态(图7-7),同时按照生产工业图的要求将模种机中心的转轴部分包裹上油毛毡(图7-8),倒入调和好的石膏液,待石膏完全凝固后开动模种机,手持金属刀具对圆柱筒形的石膏块进行旋削(图7-9),当造型细部完全旋制好以后再用细砂纸加水将石膏模具仔细地打磨光滑。

图 7-2

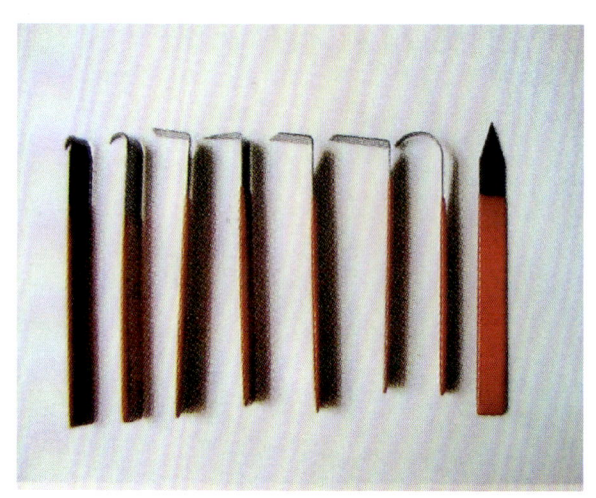

图 7-3

图 7-1

图 7-4

图 7-5

图 7-6

图 7-7

图 7-8

图 7-9

无论是黏土成型还是石膏成型,其成品都被称为"模种",这些"模种"需要经过"翻模"的工序才能够表现出它的价值。所谓"翻模"就是指利用"模种"制作出一个中空的石膏模具,在制作中空模具时首先用铅笔在"模种"上画出等分的"分模线",然后用黏土将"分模线"的一侧完全遮挡住,在另一侧上均匀地刷上脱模剂并用黏土在外沿部分作出一个矩形的泥板遮挡墙(图7-10)，再用调好的石膏液倒在用泥块做成的围合空间中，待石膏凝固后再用相同的方法把合模线的另一侧外模制作出来(图7-11)，最后将做好的整套石膏模具放到清水中冲洗，从外模中将模种取出(图7-12)，晾干外模就可进行陶瓷产品的批量化制作和生产了。

4.后期调整

在制作好石膏模具之后与进行批量化大生产之前还需要经过一个细节的调整时期，在这个阶段，设计师要根据制作出来的样品结合制作工序和形式美感进行细节的改良，比如修正掉石膏模具上因气泡而产生的凹凸点状缺陷，微调壶嘴、壶把等细小配件的连结部位等，只有经过了后期调整的模具才可以进入大批量生产的工序中来。

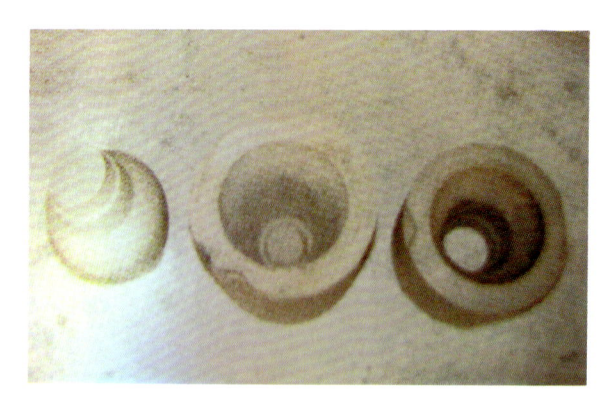

图7-11

图7-10

图7-12

第二节　陶瓷造型设计的方法

1.设计的方法

到目前为止，没有人能够明确地说出陶瓷造型设计的具体方法，也就是俗称的"法无定法"。因此，对于陶瓷造型设计师而言，设计的方法就是"摸着石头过河"，在多次的尝试后，只要适合于自己的方法都可称为好的方法。在研究造型时，可以选取一种造型中的多种不同样式加以比较，找出优秀的，也找出有缺点的，相互比较，分析原因，得失成败比

较容易了然,哪些造型处理方法是有效的,也就比较清楚了。目前常见的陶瓷造型设计方法有以下几种:

(1)模拟

所谓"模拟"的造型设计方法就是指在设计之初依据一些客观存在的形体,例如自然界的形体和人为创造的形体,研究其特征和视觉印象,根据陶瓷造型的需要进行概括、删除、转换和变形,突出所需要的部分,减弱次要部分和细节。通过各种方法重新形成新的形体,并引发出更多的形体,使之符合陶瓷造型的条件。我们把这种形体形成的方法称为"模拟"。不过需要注意的是,模拟不能停留在纯粹的"像"或"似"的阶段,而是要在模仿的过程中不断地发展和概括精炼形体,完成从模拟到概括直至抽象的过程。(图7-13)

通过人类文化学和考古学的综合成果可以看出,人类最古老的陶器造型首先就是从模拟开始的,比如原始社会中陶器钵的造型很可能就是从某种果实或果壳形体的分割和变化设计得到的。当然,不仅仅是陶瓷设计,今天很多其他的设计领域也充分利用了模拟的设计手法,比如飞机(图7-14、图7-15)、汽车(图7-16、图7-17)、甚至在建筑物的设计中都可见到各种自然植物和动物的形态。目前,由于大机器生产给人们的生活在带来方便的同时也在一定程度上破坏了自然的生活状态,因此,随着人们对于自然生活渴望感的日益增强,在陶瓷造型的设计中也开始出现一些以动物尤其是植物

图7-15

图7-13

图7-16

图7-14

图7-17

067

造型为模拟对象的形式表现，比如以松枝的形态为基础设计出来的陶瓷茶壶（图7-18），以海贝为模拟对象设计的卫浴用瓷（图7-19），在罗森塔尔公司的产品"魔笛"中甚至还有以自然界中"一滴水"为模仿对象改良设计的咖啡壶和糖罐等（图7-20）。这种模拟除了可将自然物作为对象之外，在科技发达的今天也有一些陶瓷设计厂家开始尝试以人工科技产品作为陶瓷造型的模拟对象，比如德国生产的"太空咖啡具"，从火箭的基本形态入手，添加了一些必要的功能配件后形成的陶瓷造型，不但满足了人们日常生活的使用需求，还记载了人类进入太空的伟大壮举。

模拟的方法除了从整体造型上去模仿和概括对象外，还可以运用局部模拟的方法来设计新颖的陶瓷造型。如德国生产的一套餐具，在主要造型的口部模拟了花蕾的造型特征，开放中的花蕾和花瓣有节奏地起伏变化，使得此套陶瓷茶具的口部边沿变得相当具有韵律美感。

当然，在模拟设计的过程中还必须要注意设计的形态要完全符合陶瓷生产中的技术和材质特性，比如在模仿葫芦造型时就要注意腰部不可过细，上下两个球形在体量上的差距不可太大，口部尽量以柱形或外撇的曲线来表达，而不可像真正的葫芦那样长成为不规则的形态。（图7-21、图7-22）

图 7-18

图 7-19

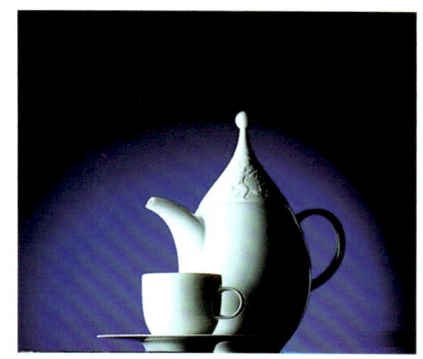

图 7-20

图 7-21

图 7-22

（2）直接利用现有形体

相对于模拟的方法而言，直接利用现有形体的方法显得比较方便，但是在日用瓷的设计中，这种方法就不太可行了。因此这种造型方法目前多为现代陶艺家们所使用，他们将自然界或人工物直接翻模，注浆做成各种艺术品，形象非常直观，加上釉的装饰，造型形象十分逼真，具有很强的艺术性。从艺术史的角度来看，这种造型方法来自于西方的"波普艺术"潮流，是一种建立在大众化、通俗化基础上的造型意识，比较容易为欣赏者理解，但是其艺术生命也较为短暂。（图7-23）

（3）扭动固有形体

用扭动的方法，可以使单一的形体在不增加任何其他构件和装饰的基础上变得具有动感。目前比较常见的方法是将纯粹的几何形体顺向或逆向扭转或弯曲，改变几何形体原有的体态，从而丰富陶瓷造型的韵律美感。（图7-24）

（4）切割形体

以切割的方式来设计陶瓷造型常常可以通过削减、错位、重组的方式获得。以这种方式设计出来的造型常可给人以耳目一新的感觉，但需注意的是在错位和重组时不能有太多的细小结构死角，以免给后期消费者的使用带来清理上的麻烦。（图7-25）

（5）镂空

镂空的造型方法也可归纳为一种装饰手段，用镂空的方式造型的陶瓷产品容易给人以轻盈小巧的空间体积感。为平实的陶瓷造型带来光影变化的优美效果，在制作时要注意镂空部分的内壁斜面应呈凸面状，否则不利于工业化生产中的模具制作。（图7-26）

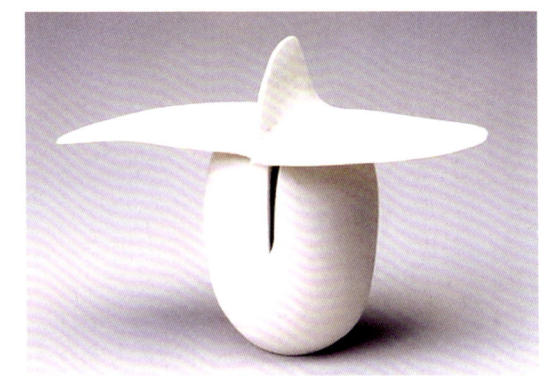

图 7-23

图 7-25

图 7-24

图 7-26

(6)改变细节

对于已有的成熟陶瓷造型,如果改变其部分体量或细节也可得到更为有趣的形态,比如设计师可改变玉壶春瓶颈部的长短粗细或改变其腹部最大直径的位置,亦可改变口足部位的外撇弧度,从而创造出新的造型。在进行此类设计时一定要注意保持新形态的优美性,切不可一味标新立异而设计出过于奇特的造型。(图7-27)

(7)倒置形体

这种方法可以快速地获得新的造型,其做法是将已有形态倒转过来,如清代的"倒栽瓶"就是将鱼尾观音瓶倒置后获得的新造型。今天也有很多陶瓷产品设计师运用这种方法,比如将可作为花插的小口矮罐倒置后设计成为模拟荷叶的装饰造型,既具有装饰美感又具有实用功能。(图7-28)

(8)堆积体块

这种方法是指将两个或两个以上的体块摞叠在一起形成新造型的方法。在进行体块堆积前要先从几何形体中演化出各种形态的体块,然后将其作为基本的构成单位。演化的方法有拉长、压缩、扩展、加大、增高、切割等。堆积之后还需进行整体的完善处理,以强调形体的特征。(图7-29)

(9)形体穿插

即将两个独立的形体通过一定的方式穿插在一起,从而构成一个新的形体,它是利用两个形体的形态、体量和位置变化,通过相互对比和衬托,增加造型的形式美感。(图7-30)

图7-27

图7-28

图7-29

图7-30

(10)轮廓对应

所有的形体都在实际空间中占据了一定的体量,我们将这个体量称为实空间,其外部体量则被称为虚空间,以虚实空间组合而成的构型方法就是轮廓对应法,比如组合式果盘的造型就属于此列。(图7-31)

无论哪种造型方法只要设计师能够合理地使用均可获得良好的设计效果。当然,在使用这些方法时常常会发现它们不是独立的,而是相辅相成,可根据具体情况综合利用。说到底,只要是行之有效的方法就是好方法。

图7-31

2.实现的方法

根据目前的陶瓷制作工艺来看,现有陶瓷造型的主要方法可分为两大类:第一类为手工成型方法,其中包括手捏成型、泥条法(泥条盘筑成型、泥条圈筑成型)、泥片法(泥片堆叠成型、泥片卷制成型、泥片贴敷成型);第二类为工业成型方法,其中包括常压注浆成型、高压注浆成型、滚压成型、刀压成型、等静压成型、印坯成型等。

成型方法的多样化也使得陶瓷造型的面貌日益地丰富起来。在今天的陶瓷艺术教学中,我们主要使用的方法包括手工成型以及工业成型中的常压注浆成型方式和印坯成型方式。

(1)手工成型的方法

此方法主要是借助制作者的纯手工配合以少量的工具完成造型,这种成型方式随意性较强,可根据设计者的创意展现出陶瓷作品古朴或精致的面貌,可充分表现出各种泥料不同的质感,是陶瓷艺术品最常使用的一种成型技法。具体的制作方法是:

①手捏成型

这是陶瓷成型中最容易且表现力最丰富的一种表现方法。在制作时根据设计者的构思和草图选取相应大小的泥块,通过双手的挤压、揉捏、滚搓等动作使泥料变形,通常用以表现器型较小的作品。手捏成型也可分为粗糙与精细两种手法,粗糙的手捏成型常被用于陶瓷艺术产品的制作中,较常见的是用来表现猛兽或枯死的树木等,而精细的手捏成型方法则常见于传统捏雕技法中。所谓捏雕就是指利用竹制或木质工具配合由手指、手掌完成的挤、捏、搓动作,制作出细腻的花瓣、鸟兽和人物形象,捏雕工艺在宋代的景德镇窑便已开始广泛使用,迄今为止已经是发展得相当成熟的一种手捏技巧。(图7-32)

图7-32

②泥条成型

中国已有的考古报告证实,泥条成型法是原始社会时期人类最常使用的一种造型方法。当时的泥条法是将淘洗炼制后的陶泥通过双手的按压滚动搓制成一定长度的泥条,然后将泥条盘旋连接成器物造型,待半干后利用砾石和木质陶拍将器物整体拍打结实。泥条成型这种制作方法的大部分步骤一直被保存到今天的陶艺制作中来。但是,随着对陶瓷艺术审美观念的改变,今天的泥条成型方式更乐于表现泥条本身线条的纵横交错感,因此,原始泥条成型工序中的最后一步——"拍打成型"已经很少再见到,取而代之的是通过精心设计后丰富而有韵律感的线条纹理和质感。(图7-33)

在古代希腊也曾经出现过泥条成型技术,但是与中国原始社会常见的"泥条盘筑"不同,古希腊的泥条法被称作"泥条圈筑",其差别就在于"盘"与"圈"之上。所谓盘筑是指将泥条按逆时针或顺时针方向顺次盘叠、环旋而上,两根泥条之间首尾相连形成一根完整的线条,而圈筑则是指将泥条根据器物造型所需,按照制作部位的直径截取相应长度的泥条,首尾相接后弯绕成一个圆环,然后将不同大小的圆环依次摞叠,按压修整后成为一件完整的器物造型。不过,无论是哪种泥条成型方式都可获得类似的艺术效果,可根据制作者的个人喜好进行随意选择。

③泥片成型

目前的陶瓷艺术成型技法中泥片成型主要包括有:堆叠成型、卷制成型和贴敷成型三种。这三种成型方式采用的造型元素均为泥片,在陶艺制作中泥片的制作工艺要求相对较高。首先,根据构思的需要选取相应大小的泥块,然后利用泥擀和两片同样厚度的木条配合,将泥块擀压成有一定厚度的泥片,如果追求手工效果的表现,亦可使用手掌按压的方式将泥块挤压成厚薄不匀的泥片。制作好泥片之后便可分别采用手工或模具将多张泥片叠加挤压的方式,或者以单张泥片筒状卷制的方法完成造型。(图7-34)

图7-33

图7-34

(2)工业成型的方法

手工成型的方法虽可完成各类陶瓷造型,但在目前的社会生活条件下,这种成型方法因其产量较低、标准性较低的特点在某些领域逐渐为工业成型的方法所取代。目前较为常见的陶瓷造型工业成型方法有常压注浆成型、高压注浆成型、滚压成型、刀压成型、等静压成型、印坯成型等,其中最常见的方法是常压注浆成型和压坯成型。

①注浆成型

注浆成型所需工具和材料主要为石膏制作的模种和调和好的泥浆,用绳子或皮筋将中空石膏模具组合绑扎好,然后将调和好的泥浆匀速倒入模具中,倒满后静置片刻,待泥浆在石膏模具器壁上凝结一定厚度时,将剩余泥浆倒回泥浆桶内,并将整个石膏模具置于烘房或干燥处晾干,解开绑扎物,移开外部石膏模具,便可获得完整的陶瓷器物了。在后期修整时将多余出来的注浆口和器体两侧的合模线用刀切割磨削掉,整体打磨后便可进行装饰施釉烧造成型。这种成型方法没有场地和时间的限制,所需工具也较少,因此是目前中小型作坊和学校教育中最常使用的成型方法。(图7-35)

②压坯成型

相对于注浆成型而言,压坯成型的方法制作出来的瓷器造型烧造时不易变形,但这种成型方法只能用来制作圆器,即横截面为圆形的器物。压坯成型工艺中需要的工具包括一体式中空石膏模具、压坯车、辊头等。制作时,首先将石膏模具置于压坯车的转轴中心位置,放入适当大小的泥块后将装有辊头的压坯杆压下,在石膏模具随着轴承快速转动时,泥料会在辊头的压力作用下均匀地沿石膏模具内壁成型,抬起压坯杆,用金属切割线将模具口部多余的泥料整理干净,晾干模具后即可获得完整的陶瓷造型。这种成型工艺因需要压坯车和一定的生产空间,但又因其出产率较高,成形率稳定,所以多为大中型陶瓷工厂使用。(图7-36)

其他的工业成型工艺一般都需要较为复杂的工具和较为宽阔的空间,但又各具优点,所以目前各陶瓷生产厂家和学校都会根据实际需求进行选择。通常而言,越是复杂的工业成型技术,越能生产出复杂的陶瓷造型,且成形率越高。

图 7-35

图 7-36

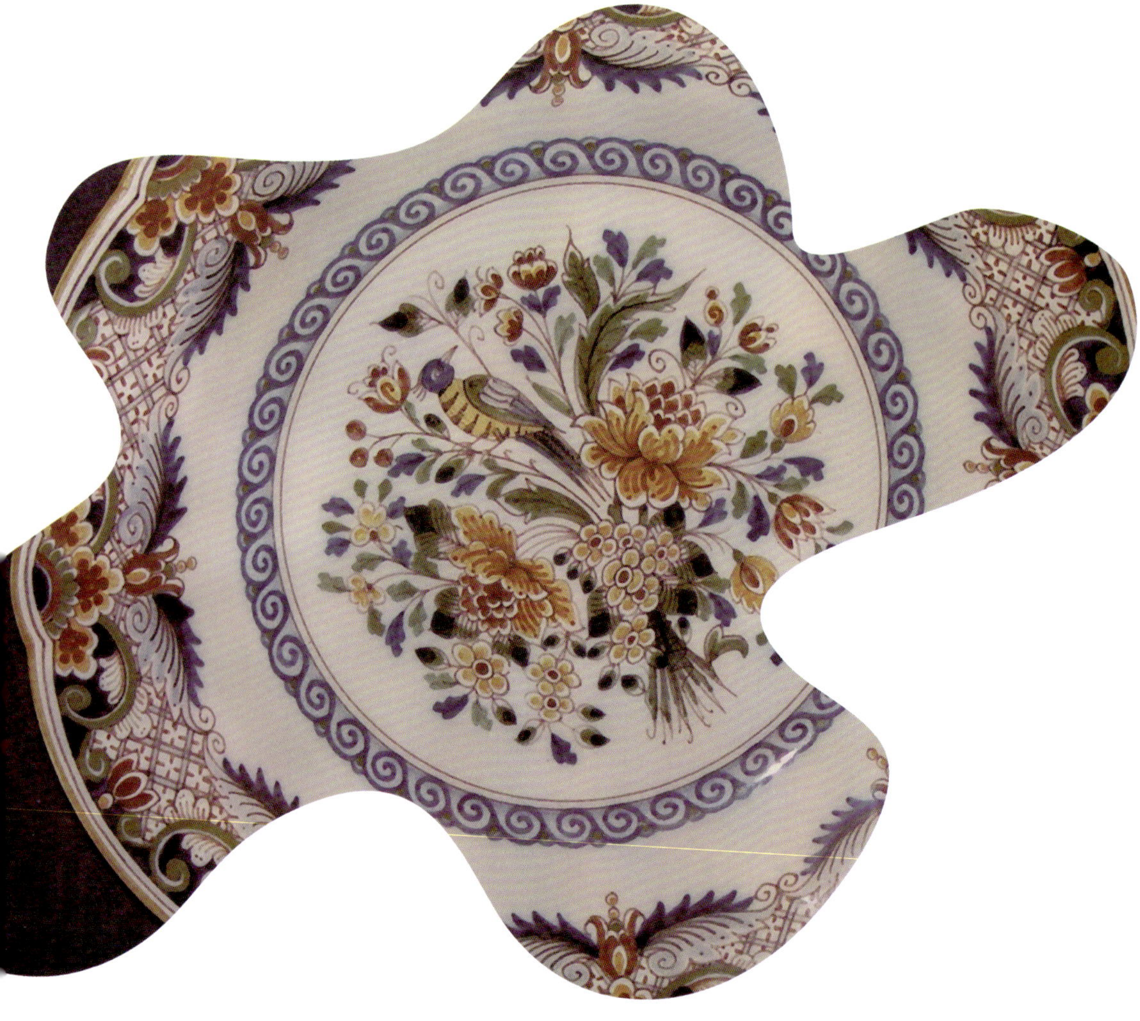

第八章　现代优秀陶瓷造型设计实例

目前，在全球范围内有众多的陶瓷生产厂商设计和生产出了大量具有代表性的陶瓷造型，它们各具特色。在满足陶瓷生产技术的同时也完美地结合了当地的民族特色、社会生活特色和审美观念。从他们的陶瓷产品设计面貌中我们不难看出陶瓷造型设计的要点和精华。在当今世界陶瓷生产厂商中，比较具有代表性的有英国皇家韦奇伍德陶瓷公司、荷兰皇家代尔夫特陶瓷公司、荷兰皇家帝士拉马肯陶瓷公司、丹麦皇家哥本哈根陶瓷公司、芬兰阿拉比亚公司、瑞典皇家罗斯兰陶瓷公司、上海spin（旋）陶瓷公司等。

第一节　英国皇家韦奇伍德陶瓷公司

在英国，提到韦奇伍德陶瓷公司很少有人不知道。约瑟夫·韦奇伍德是英国陶瓷制造业之父。他对陶瓷制造的卓越研究，对原料的深入探讨，对劳动力的合理安排，以及对商业组织的远见卓识，使他成为工业革命的伟大领袖之一。经过过去的两个世纪，韦奇伍德公司已经成为世界上最具有英国传统陶瓷艺术的象征，并且如同民族遗产一样受到来自许多方面的敬重。

1730年，约瑟夫·韦奇伍德出生于伯斯勒姆的陶工世家。1754年，与斯塔福德郡的托马斯·威尔登合伙经营，后来他在伯斯勒姆开设了第一家工厂，开始独立经营。他的首要目标是要制作出比斯塔福德郡陶瓷更好的产品，形状、颜色、光泽和耐用方面都要更好。为此，他利用一切闲暇时间钻研化学，并且还在陶瓷生产过程中积极地引入当时仍处于起步阶段的工业化生产方式。1762年，韦奇伍德在利物浦结识了商人托马斯·本特利，两人于1768年合伙制造了一些基本未上釉的各色陶器装饰品，由于使用了当时所能了解的最新工艺制造技术，由此确立了他的声望。他的陶器式样和装饰具有当时非常流行的新古典主义风格。其中首屈一指的为黑陶器（图8-1），如果在这种黑陶上加红釉绘画，则可以作为希腊红绘花瓶的仿制品。这种风格的最好范本，无疑是至今仍然保存在大不列颠博物馆的著名的"罗马波特蓝"花瓶（图8-2）。此外还有碧玉炻器（图8-3），这是一种质地细密，采用含有硫酸的坯料经高温烧成，具有玻化坯体的陶器。大约在1771年~1773年期间，韦奇伍德将实用陶器的生产转移到那里，聘用了著名的雕刻家约翰·弗拉克斯曼，将其所做的各种蜡雕像和浮雕花样翻制到碧玉炻器上，这些陶器对欧洲新兴资产阶级具有特别的吸引力。为制造这些装饰品，韦奇伍德建立了伊特拉里亚工厂。1765年，他实验成功的米白色瓷器得到了夏洛蒂王后的选用，韦奇伍德从此获准称为"皇后御用陶器"。1774年，韦奇伍德工厂为俄国女皇卡特琳娜制作了一组952件套米白色餐具（图8-4），这些瓷器每件都绘有英国风景图，总共画了1 244幅工笔画，从而

图8-1

图8-2

图8-3

图8-4

图 8-5

使整套餐具成为货真价实的艺术品。此时，韦奇伍德陶瓷制品已经有了相当声誉，欧洲许多工厂都效仿韦奇伍德，改产米白色陶瓷，甚至法国和德国的一些大工厂也受到影响。

在近180年间，韦奇伍德家族六代一直在安特瑞尔制造精美的陶瓷器。直到1936年才从斯塔福德郡北部的窑业集中迁到了伯尔斯通的乡村。在那里建立了一个最大的，有500英亩面积、具有英格兰一流水平的全部电气化的陶瓷工厂，远远超过了同行以及在安特瑞尔的前辈。

1812年，韦奇伍德首次推出精致的骨瓷餐具。骨瓷是在高岭土中加入一定比例动物骨粉的瓷土配方，烧成后的骨质瓷色泽纯白，有一种半透明的效果。这种瓷器美丽温润、质轻，且极为耐用。1902年美国老罗斯福总统在白宫举行盛宴，1935年玛丽皇后号豪华邮轮首航，1953年英国伊丽莎白女王加冕，在这些著名的世纪大典上，韦奇伍德骨瓷餐具皆参与其中。1988年9月，在一次产品展示中，4只韦奇伍德骨瓷咖啡杯平稳撑起了一辆重达15吨的载重卡车，足见其坚固程度。品质高贵、质地细腻、风格简练，极富艺术性、优美雅致具有古典主义特征的设计，一直是韦奇伍德陶器产品的风格。直到今日，许许多多精美的韦奇伍德产品依旧完美诠释着这一品牌的传统内涵。韦奇伍德后来被誉为"英国陶瓷之父"。大不列颠百科全书对他的评价是："对陶瓷制造的卓越研究，对原料的深入探讨，对劳动力的合理安排，以及对商业组织的远见卓识，使他成为工业革命的伟大领袖之一。"韦奇伍德去世后，其子孙继承祖辈的事业，始终使韦奇伍德位于世界陶瓷领导品牌地位。而韦奇伍德这个品牌也成为了世界上最具英国传统的陶瓷艺术的象征（图8-5）。今天，拥有近230年历史的韦奇伍德餐具已经被遍及全世界的许多著名人士和大型知名企业所选择。

不难看出，韦奇伍德公司在陶瓷造型的设计上始终以技术创新为前提，并充分结合消费者的现实使用需求来进行丰富的形态设计。其产品可分为陈设收藏瓷与日用瓷两大类，对于陈设收藏瓷的造型设计，韦奇伍德公司主要是站在模拟复古的角度上来改良设计；而对于日用瓷产品，韦奇伍德公司则使用了相对简洁的几何造型来完成。可见，不同的使用目的和不同的审美观念在韦奇伍德公司的陶瓷造型设计中占据了相当大的比重。

第二节　荷兰皇家代尔夫特陶瓷公司

皇家代尔夫特陶瓷公司位于荷兰沿海大都市圈城市之一——代尔夫特市，这里被称为荷兰的"中国城"，皇家代尔夫特陶瓷公司是荷兰目前仅存的创始于17世纪的蓝瓷工厂。随着时光的流逝，如同伦勃朗的绘画作品成为世界著名的17世纪艺术品一样，皇家代尔夫特陶瓷公司的陶瓷产品已由原来普通的代尔夫特蓝瓷逐渐发展为著名的荷兰特产。（图8-6）

图 8-6

代尔夫特是荷兰东印度公司在荷兰的6个据点之一。在那时中国的瓷器引入荷兰，并发展成了荷兰著名的代尔夫特青花瓷器。威廉亲王曾在此地短暂居住，并被刺死在

图 8-7

如今位于市中心的王储园的地方。当时王室所在地布莱达还在西班牙控制下，又因为他住在代尔夫特，于是市中心的新教堂被选作安息之地，此后王室成员死后遗体都照例放入新教堂的地窖，代尔夫特因此而与荷兰王室结下了不解之缘。

图 8-8

在代尔夫特生产的瓷器品种中有绝大部分造型是来自于对传统器物造型的延续和变化。由于之前受到皇室审美观念的影响，代尔夫特的陶瓷造型大都较为复杂，并且有仿金银器造型的痕迹，特别是其中的多管花插极具特色（图 8-7），加之代尔夫特瓷器主要是以青花为装饰方法，所以，其造型变化不大，比如简单的碗、盘、碟，具有复古风范的瓶、罐，以及种类多样的雕塑造型。（图 8-8）

第三节　荷兰皇家蒂士拉马肯陶瓷公司

荷兰皇家蒂士拉马肯陶瓷公司可以说是荷兰最古老的陶瓷公司，它创建于1572年，至今已有400多年的历史。这间荷兰陶瓷产业界的元老级公司，目前仍然是荷兰陶瓷设计和生产的风向标。皇家蒂士拉马肯陶瓷公司始终坚持走在荷兰传统陶瓷生产和制作的前沿领域，并在该领域积累了丰富的技术和资料。如今，皇家蒂士拉马肯陶瓷公司的产品类别非常丰富，不仅包括日用瓷，还有精美的绘画陶瓷（图 8-9）、花色繁多的墙面砖以及手工制作的各式瓷瓦，甚至复杂的重建项目工程都是皇家蒂士拉马肯陶瓷公司的生产范畴。

在技术方面，皇家蒂士拉马肯陶瓷公司始终坚持产品的手工制作工艺，这在大机器生产盛行的年代显得弥足珍贵。全面的手工陶瓷生产技术和坚持高水准、高质量的手工陶瓷制品，也使得公司在激烈的市场竞争中处于不败之地。在陶瓷产品设计方面，皇家蒂士拉马肯陶瓷公司一贯坚持自己的创作准则，因此，其产品在市场上始终独具特色。

图 8-9

虽然，皇家蒂士拉马肯陶瓷公司是以生产传统陶瓷而闻名，但是，目前公司也开始进行现代化陶瓷产品的设计生产，比如聘请包括罗得里克·沃斯（Roderick-Vos）、约伯·斯米茨（Job Smeets）、海拉·杨格瑞斯（Hella Jongerius）和马赛尔·万德斯（Marcel Wanders）在内的国际级设计师为公司设计独具新意的高端陶瓷产品，使得古老的陶瓷艺术散发出时尚的品位。目前，皇家蒂士拉马肯陶瓷公司最主要的产品类型有：

1. 传统陶瓷器皿

此类产品运用传统的陶瓷生产技术和工艺，在造型上秉承传统，以各种简洁的造型配合以多样的装饰方法来阐释传统陶瓷产品的艺术内涵（图8-10）。

2. 迪克·范·霍夫的办公用品系列

迪克·范·霍夫（Dick van Hoff）将陶瓷的造型领域扩展到了办公用品方面，他的代表作——"工作"（图8-11），包括两盏台灯、一个闹钟、花瓶和笔盒。这些产品采用陶瓷和木材两种材质制作而成。色调素雅、造型简洁的陶瓷办公用品与传统办公用品古板的形象形成鲜明对比。随着迪克·范·霍夫的设计在市场上广受好评，如今皇家蒂士拉马肯陶瓷公司在材料应用方面除了通常使用的陶瓷之外，亦开始大量地采用木材作为主要材质与陶瓷配合，这对于陶瓷设计生产来讲是很大的创新，木材会改变传统陶瓷产品设计的味道和功能。

3. 海拉·杨格瑞斯的陶瓷器皿设计

相对于迪克·范·霍夫而言，皇家蒂士拉马肯的另一位设计师海拉·杨格瑞斯则将设计重心放在表现陶瓷造型简洁性的工作上。海拉·杨格瑞斯设计的大部分陶瓷器皿均没有任何装饰花纹，但是为了突出造型的简洁，海拉·杨格瑞斯在用色方面进行了大胆的尝试，红、绿、黏土灰等彩色颜料装饰后的陶瓷器皿其造型显得越发具有古朴的韵味。（图8-12）

图8-10

图8-11

图8-12

4. 亚历山大·范·斯罗华的项链设计

作为时尚界领军人物的亚历山大·范·斯罗华，在与皇家蒂士拉马肯的合作中大胆尝试将项链这种服饰配件运用陶瓷材质进行表现。由于项链的装饰性较强，因此，亚历山大·范·斯罗华在设计时将重点放置于以各类配件展现陶瓷材质的优美感上，其陶瓷部件的造型通常以圆珠来表现。（图8-13）

图8-13

5.罗得里克·沃斯的陶瓷器皿设计

在皇家蒂士拉马肯的众多设计师中，罗得里克·沃斯可谓是别具心裁的设计师。由上百个"气泡"结合而成的造型独特的气泡碗（图8-14），是他的力作，这只碗完全颠覆了我们印象中传统陶瓷碗的造型，一圈圈均匀排列的"气泡"，使碗的造型轻盈、素雅，既打破了陶瓷材质的传统语义，又为我们带来了陶瓷造型的新语言。

总的说来，皇家蒂士拉马肯陶瓷公司所生产的陶瓷产品在造型上划分为两个层次：一为传统造型的延续与革新，一为具有时代感的创新造型。无论是哪种造型方式，均可体现出这个具有400年优秀制瓷传统的厂家求变求新的创造态度。

图8-14

第四节　丹麦皇家哥本哈根陶瓷公司

皇家哥本哈根（Royal Copenhagen）陶瓷厂创建于1775年5月1日，原名为"皇家瓷器制造厂"，现今已有两百多年的历史。在这两百多年的时间里，皇家哥本哈根陶瓷厂不断发展壮大，由最初为丹麦皇室生产御用瓷而设立的皇家陶瓷厂，发展成为现今的国际知名品牌。在丹麦，无论走到哪里都会发现皇家哥本哈根陶瓷的踪迹，这些美丽的陶瓷产品采用传统的北欧工艺精制而成，精致典雅的器物造型充满了东方神韵，成为丹麦引以为傲的国宝级产品品牌。（图8-15）

皇家哥本哈根的陶瓷产品兼具丹麦的传统手工技艺，又融汇了中国的瓷绘风格，彰显着陶瓷器皿别样的奢华风采。建厂两百多年来，皇家哥本哈根创造了无数优秀的陶瓷产品，是欧洲上流社会喜爱的陶瓷品牌之一。皇家哥本哈根最具代表性的陶瓷产品有"丹麦之花"（Flora Danica）（图8-16）和"唐草"（Blue Fluted）（图8-17）系列。

丹麦之花是丹麦国王克里斯汀七世为俄国女皇凯瑟琳二世定制的礼物，由艺术家Johann Christoph Bayer负责设计制作。丹麦之花系列陶瓷器皿经过12年的制作，最终在1802年全部完工，一共制作了1 802件作品。丹麦之花做工奢华、装饰

图8-16

图8-15

图8-17

典雅、造型精致、制作工艺高超，被誉为是瓷器黄金时代最具艺术灵感的欧洲艺术品之一。200多年后的今天，丹麦之花系列产品仍然在仿制生产，延续自传统的造型在今天的审美观念下来看依然是美妙绝伦。

皇家哥本哈根的陶瓷产品拥有典雅高贵的气质，精致美丽又不夸张豪奢，能够紧跟时代潮流，创造出时尚的陶瓷产品，不被潮流发展的浪潮淹没。皇家哥本哈根品牌能够成功的原因，在于公司始终保持着精雕细琢的手工艺传统。当整个社会步入批量生产的后工业时代时，皇家哥本哈根仍然愿意保留自皇室贵胄时期遗留下来的手工艺传统，细工打造的精神变得弥足珍贵起来，这是物质时代难以找寻的手工艺精神。皇家哥本哈根的陶瓷工匠们继续百年如一日地创作着他们的精品手工陶瓷制品，这

图 8-18

大概是皇家哥本哈根品牌至今屹立不摇的原因所在吧。

目前，皇家哥本哈根的陶瓷产品主要分为三大类：第一类是日用餐茶具；第二类是装饰品；第三类是礼品。餐茶具主要包括丹麦之花、唐草、波纹蓝花等系列，装饰品和礼品则包括唐草系列饰品、复活节彩蛋（图8-18）、雪人雕塑等等。

第五节　芬兰阿拉比亚公司

阿拉比亚是芬兰现代设计的开拓者。它的陶瓷产品主要集中在大众使用的盘子和礼品的设计上。阿拉比亚的陶瓷产品具有创新和别具一格的设计，这些产品的造型设计明确地体现了芬兰的设计理念和产品美学价值。

阿拉比亚的第一个厂房于1874年在赫尔辛基北郊的一块土地上建立，主要生产瓷器和陶器以及其他类型的陶器。手艺娴熟的工匠从瑞典来到芬兰，而起辅助作用的工匠从其他的芬兰瓷厂中招聘。1875年初，阿拉比亚工厂雇佣了110人。在仅仅两年的时间里，该工厂的产量占据了整个芬兰陶瓷年产量的一半。1883年，阿拉比亚首次发布配有图示的产品目录。以后不断地发布采用新装饰的晚宴用品的新产品。Helsingfors餐具的图案设计是第一个采用芬兰一个地方的地形图案作为装饰的。当时的其他的装饰包括 Flora、Fuxia、Svea、Landskap、Victoria 和 Feston。在19世纪90年代期间，阿拉比亚的产品生产能力迅速增长。瑞典的艺术家 Thure ?berg 和芬兰的建筑师 Jac Ahrenberg 的到来提高了阿拉比亚公司的产品生产的能力。在20世纪初的几年中，阿拉比亚产品范畴经历主要的变动，增加了许多产品，并将新的爱国主义主题引入到产品的装饰中。并且，在现代化发展的过程中，阿拉比亚公司积极地引入各种先进的生产技术和管理机制，比如各式窑炉的使用，各种转印新技术的投产，以规模化和集成化的生产模式对大批量陶瓷制作进行管理。

在发展技术的同时，阿拉比亚公司也积极地吸纳各类新型设计，其产品造型简朴、实用、装饰色彩清新。整套瓷器在造型上没有硬性线条，各种转折均为圆弧形；装饰极为简洁，显得洁净剔透。同时，阿拉比亚的陶瓷产品也融入了普通居民的日常生活，比如，幽默诙谐的故事鸟壶（Story Birds）（图8-19）是阿拉比亚公司曾经最畅销的系列，此套产品将日常生活用品抽象化、艺术化，其生动的造型，拟人化的表现手法，使作品充满丰富的想象力。

图 8-19

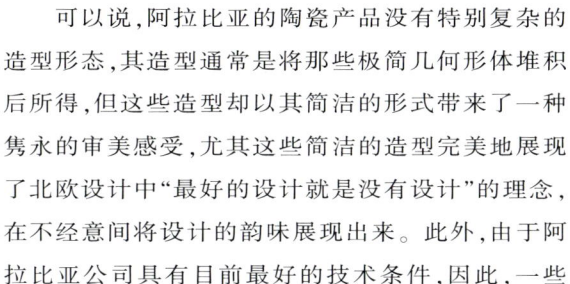

图 8-20

图 8-21

可以说，阿拉比亚的陶瓷产品没有特别复杂的造型形态，其造型通常是将那些极简几何形体堆积后所得，但这些造型却以其简洁的形式带来了一种隽永的审美感受，尤其这些简洁的造型完美地展现了北欧设计中"最好的设计就是没有设计"的理念，在不经意间将设计的韵味展现出来。此外，由于阿拉比亚公司具有目前最好的技术条件，因此，一些极具创新意味的造型形式在其产品中也有体现，比如以海绵形态表现的烛台(图 8-20)，以叶片和羽毛形式表现的盘子(图 8-21)都是这种技术的体现。

第六节 瑞典皇家罗斯兰陶瓷公司

瑞典的皇家罗斯兰(R·rstrand)是欧洲第二古老的陶瓷制造商，创建于 1726 年，是欧洲顶级的陶瓷品牌之一。近三百年来，皇家罗斯兰生产的古典装饰系列的陶瓷餐具备受欧洲人的喜爱。在许多正式的宴会场合，皇家罗斯兰的瓷器往往成为招待贵宾的首选。

皇家罗斯兰不仅在传统陶瓷器具生产方面具有悠久的历史，在当代的陶瓷产品设计领域中，更是融创新精神于一体，在陶瓷产品中注入流行元素，比如艳丽时尚的装饰图样、新颖的产品造型等等。从设计的观念和角度出发来进行陶瓷产品的创新。

皇家罗斯兰的创建对瑞典乃至北欧的陶瓷产业的发展都产生了很大的影响。就连芬兰著名的陶瓷品牌阿拉比亚也是皇家罗斯兰为了发展对俄罗斯的贸易而于 1873 年创建的。

目前皇家罗斯兰的主要设计师有汉纳·维宁(Hanna Werning)、尤纳司·博林(Jonas Bohlin)等，他们的设计虽各具特色，但均体现了北欧设计中对自然的热爱和再现。比如汉纳·维宁的设计总是具有清新质朴的、充满自然气息的装饰动机。Kurbits 系列花卉餐具的设计灵感来自于两百多年前瑞典的民间艺术。汉纳·维宁以现代的手法，将这些传统的装饰纹样进行艺术化的处理，这些纹样中既有手工彩绘的花朵，又有真实花朵的照片，设计师将手工艺和工业技术完美地结合在一起。此外，设计师尤纳司·博林(Jonas Bohlin)对"月华"这种自然现象沉醉不已。所谓"月华"即是指月亮的光华，也指一种自然现象，是月亮周围呈现的一小圈美丽光晕。设计师对纯净皎洁的月光和美丽多变的月华呈现出的光影效果感到着迷后便突发奇想地将月光和月华的形象表现在餐具设计中，这样，消费者在使用餐具时便可在光线的折射下获得众星捧月般的视觉效果。如今，以器皿造型折射光线获得独特审美感受的设计思维已经在众多设计师的实践中得到了完美的展现。

与北欧其他的陶瓷设计公司一样,皇家罗斯兰也秉持着将陶瓷造型的设计建立在传统之上,并且随着时代的发展而不断创新的设计理念。

第七节 上海 spin(旋)陶瓷公司

Spin中文名为"旋",是上海的一家老牌陶瓷设计公司。其设计部成立于2003年初,一年半后第一家陶瓷店在上海开张。至今已在北京、墨尔本开设了两家专卖店。Spin的产品简单、优雅、有机、流畅。除吸收了欧美设计的简单实用性之外,Spin的设计总监Gary王亦将中国传统的简约唯美元素充分地运用到陶瓷造型的设计中来,比如,金顶水滴罐以模仿水滴的造型为其创意来源,简单的造型和简洁的色彩相得益彰,完美地展现了现代陶瓷艺术设计中的纯净之美。(图8-22)

图8-22

结 语

纵观中外陶瓷造型设计的发展之路不难看出，无论何时何地，陶瓷造型的发展始终与社会政治制度、经济水平、审美观念、民俗民风紧密地结合在一起。虽然不同时期、不同地区的审美观念会有变化，但都摆脱不了陶瓷的材质特性与工艺技术的限制。

因而，陶瓷造型设计是既自由又受限制的艺术品类，多元化的特征已成为近年来造型艺术的发展趋势，这对于陶瓷艺术设计师而言无疑是一大难题，却也成为他们发展的机遇所在。丰富的文化积累、多变的技术触角、敏锐的时尚感悟都是陶瓷艺术设计师必须掌握的基本技巧。

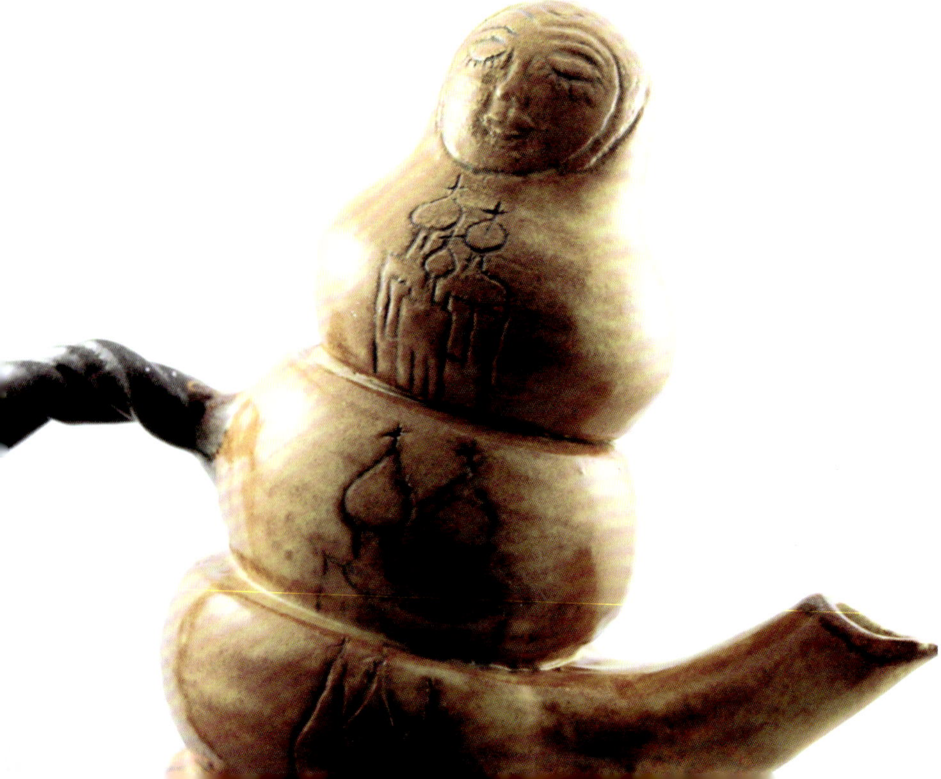

附图

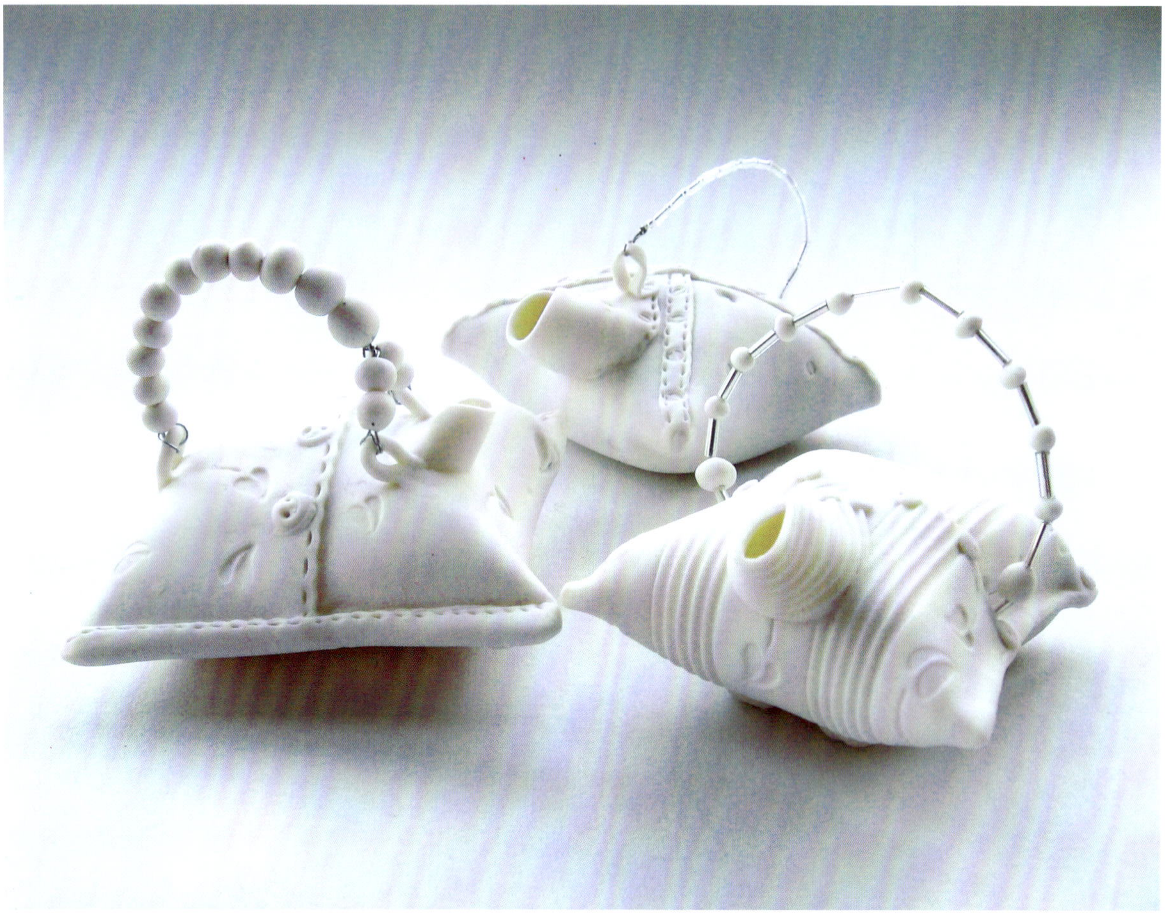

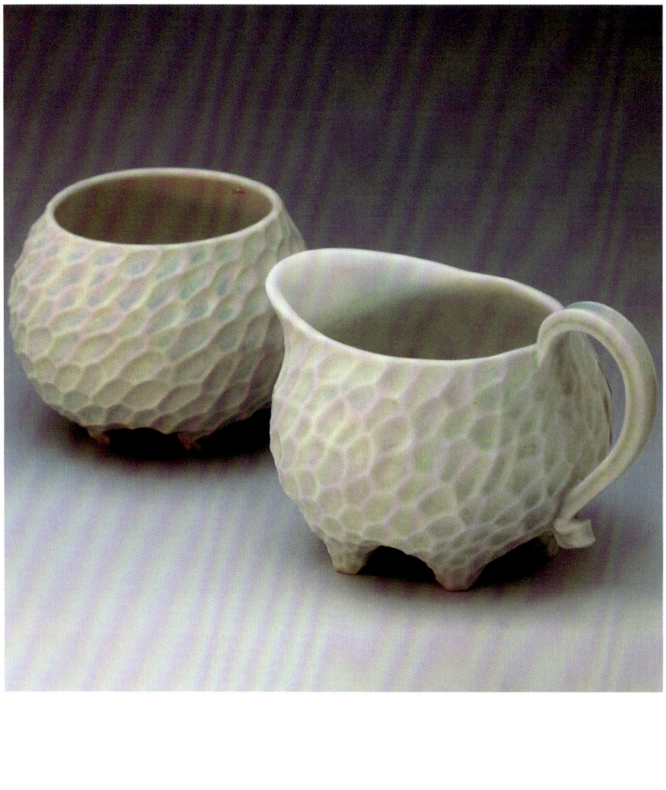

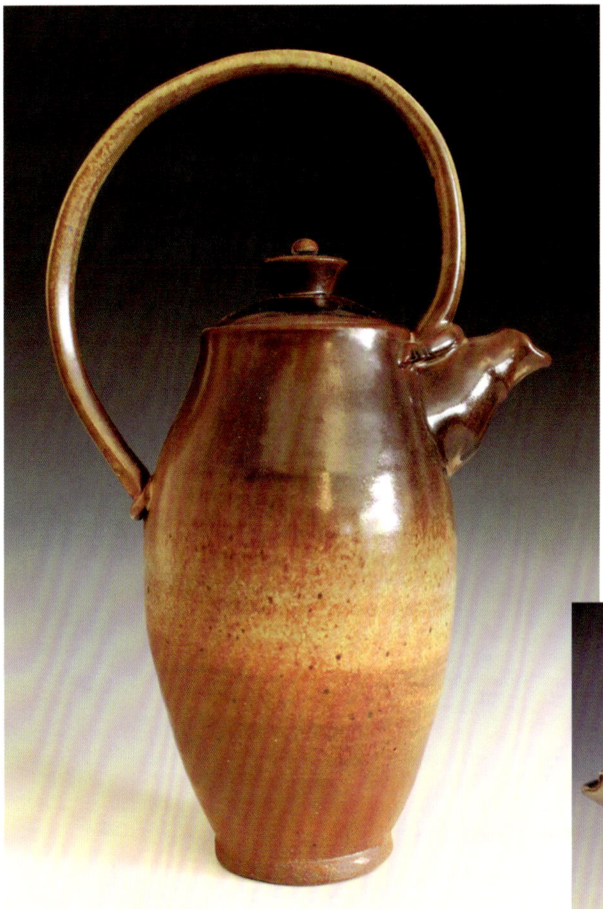
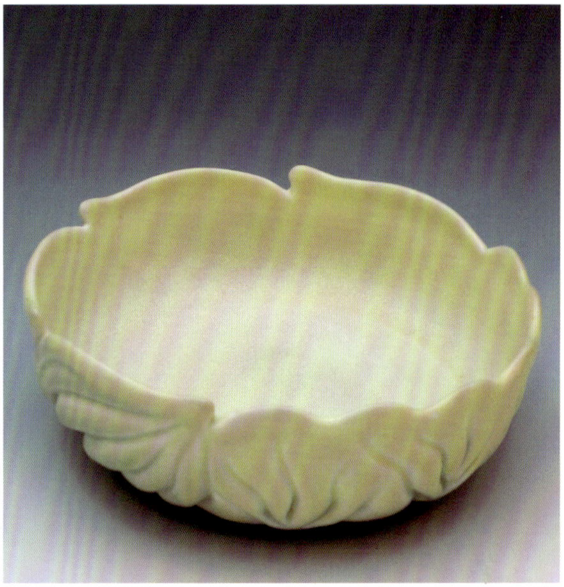
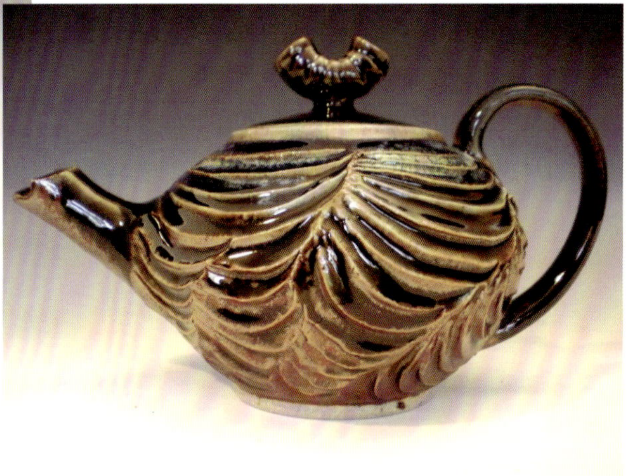
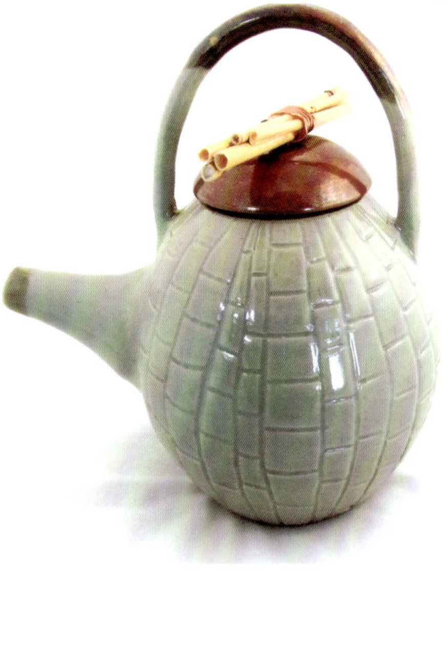

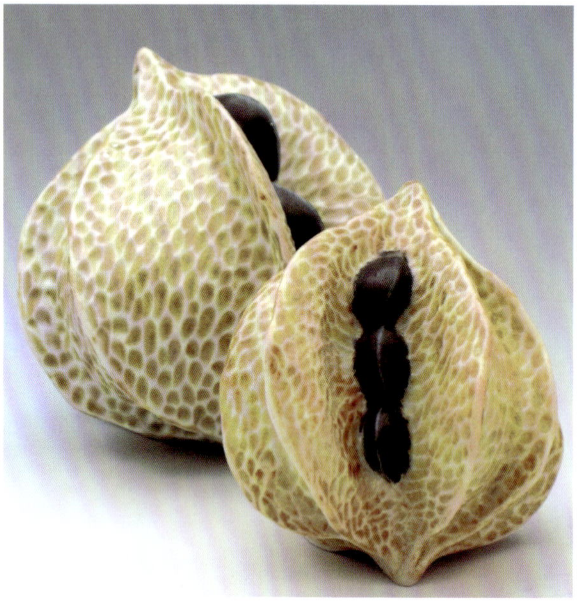
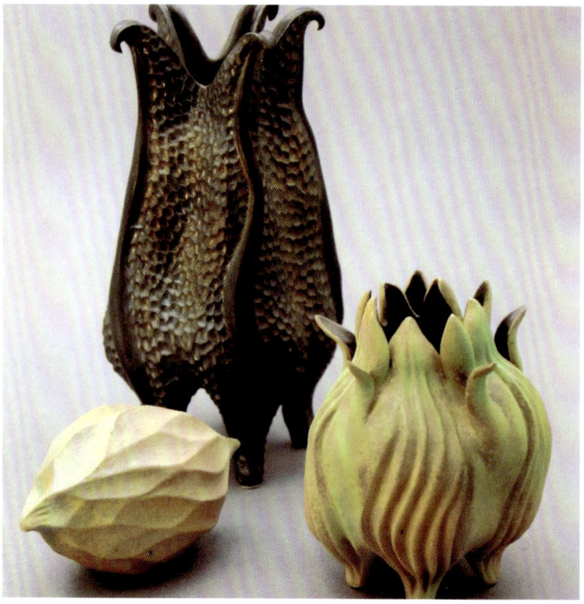
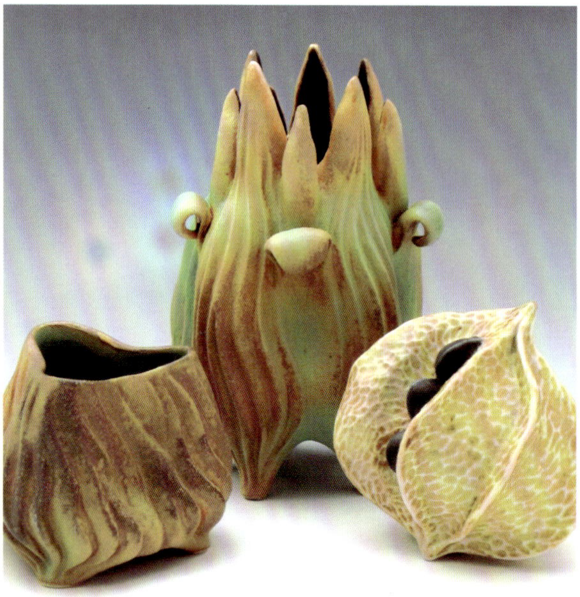
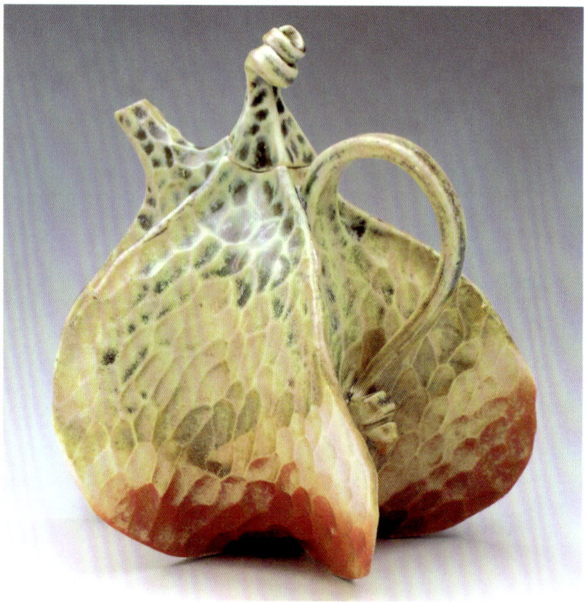

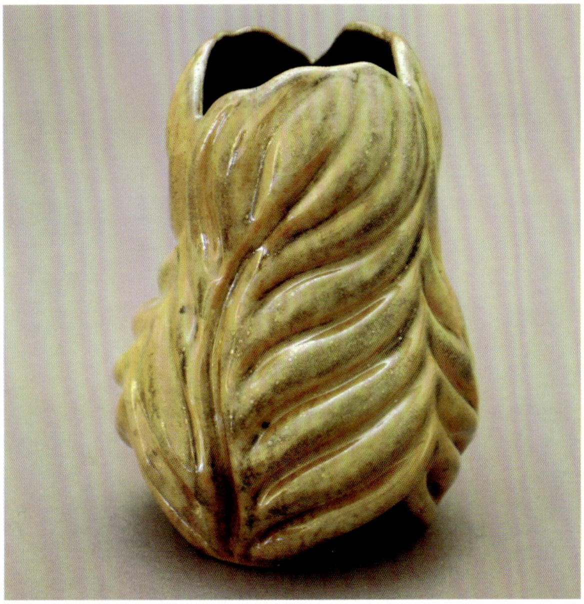

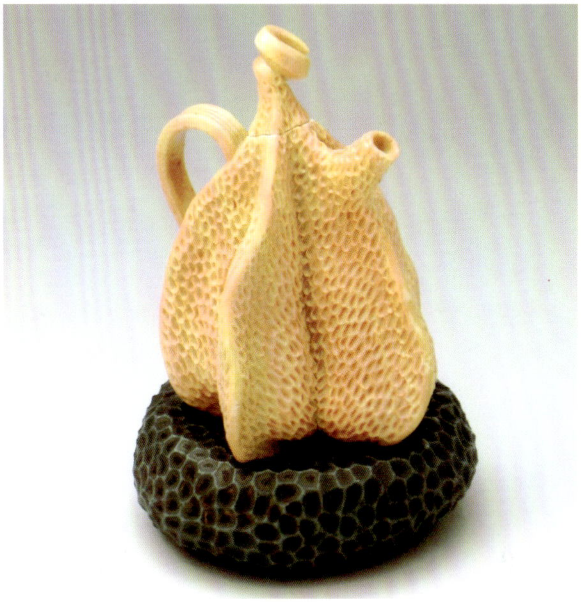

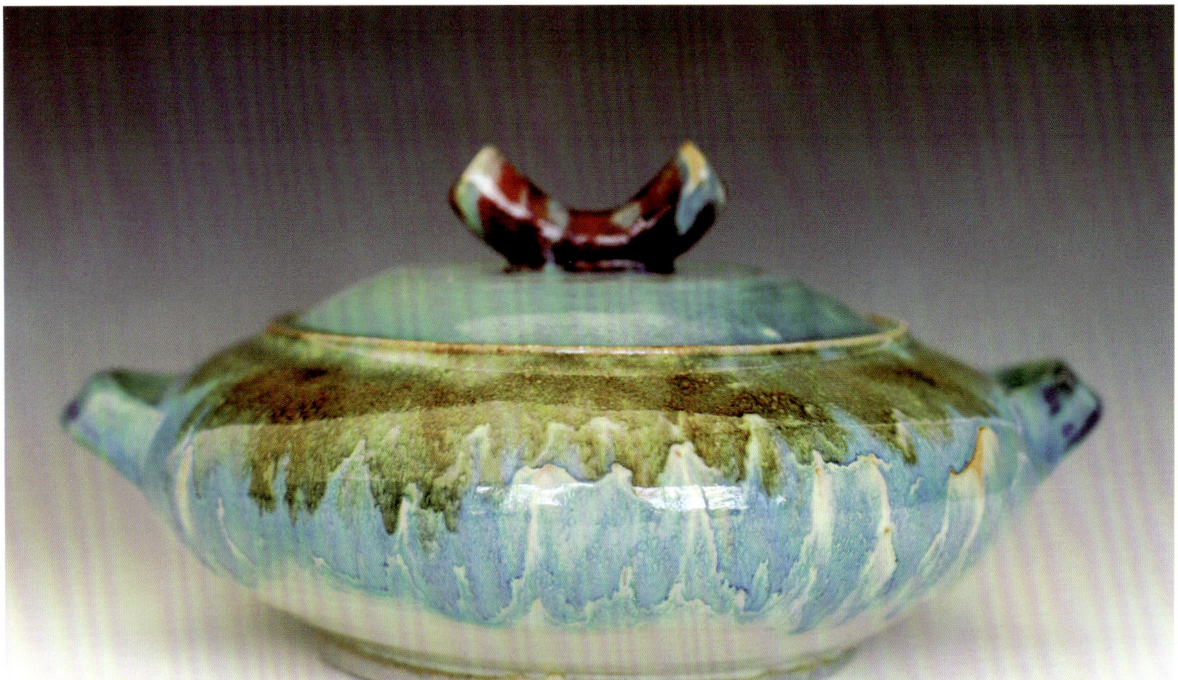

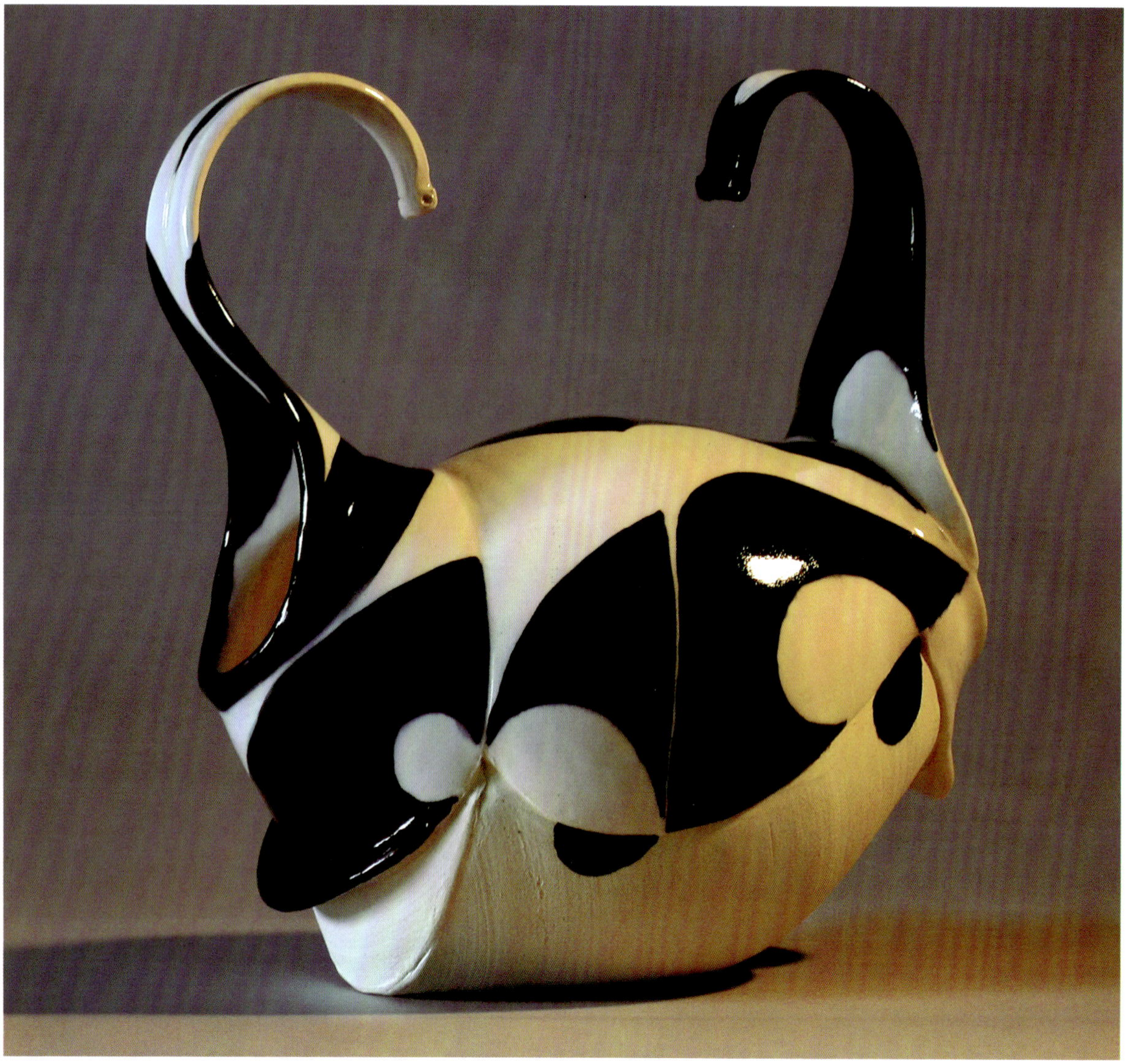

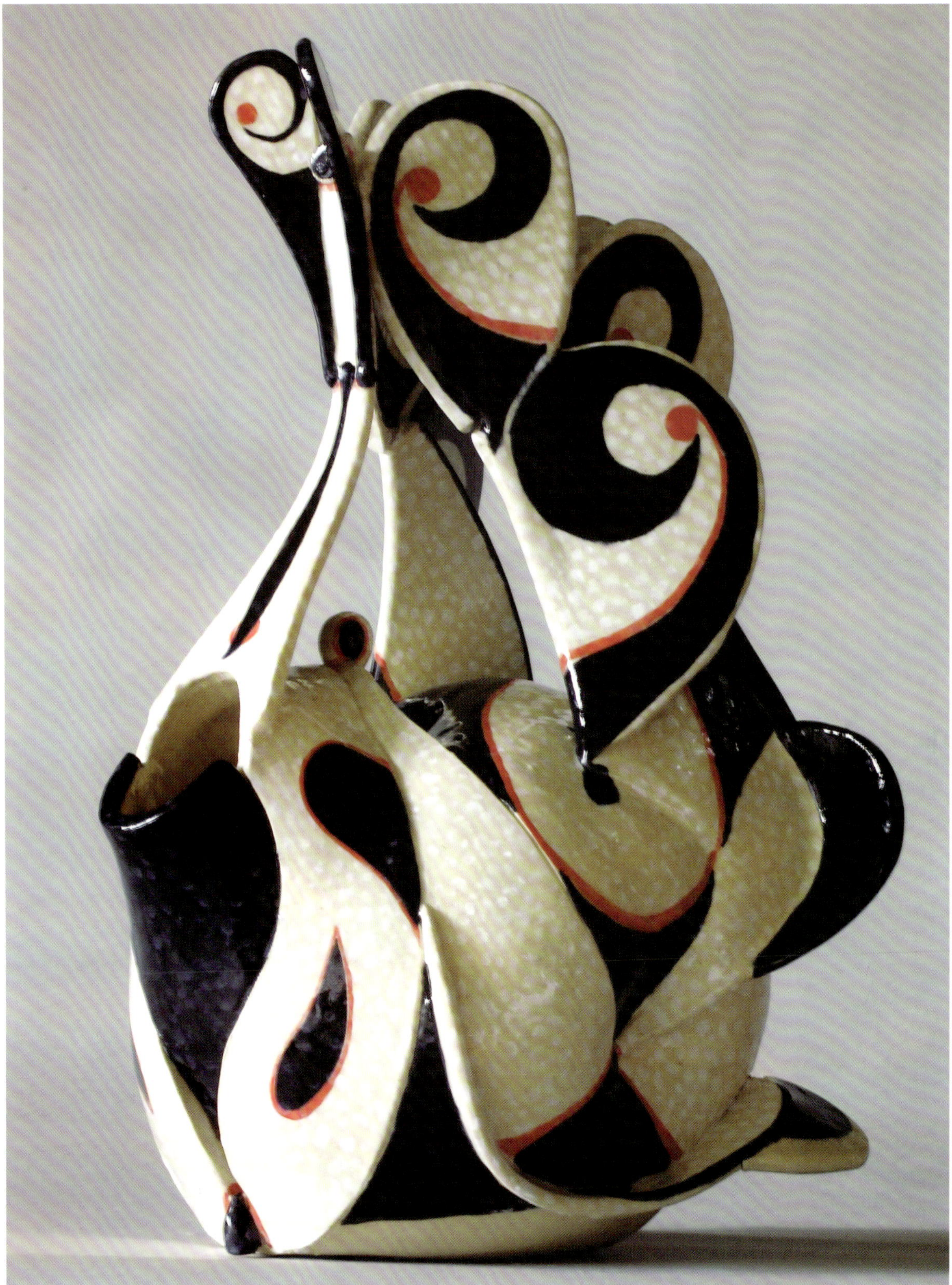

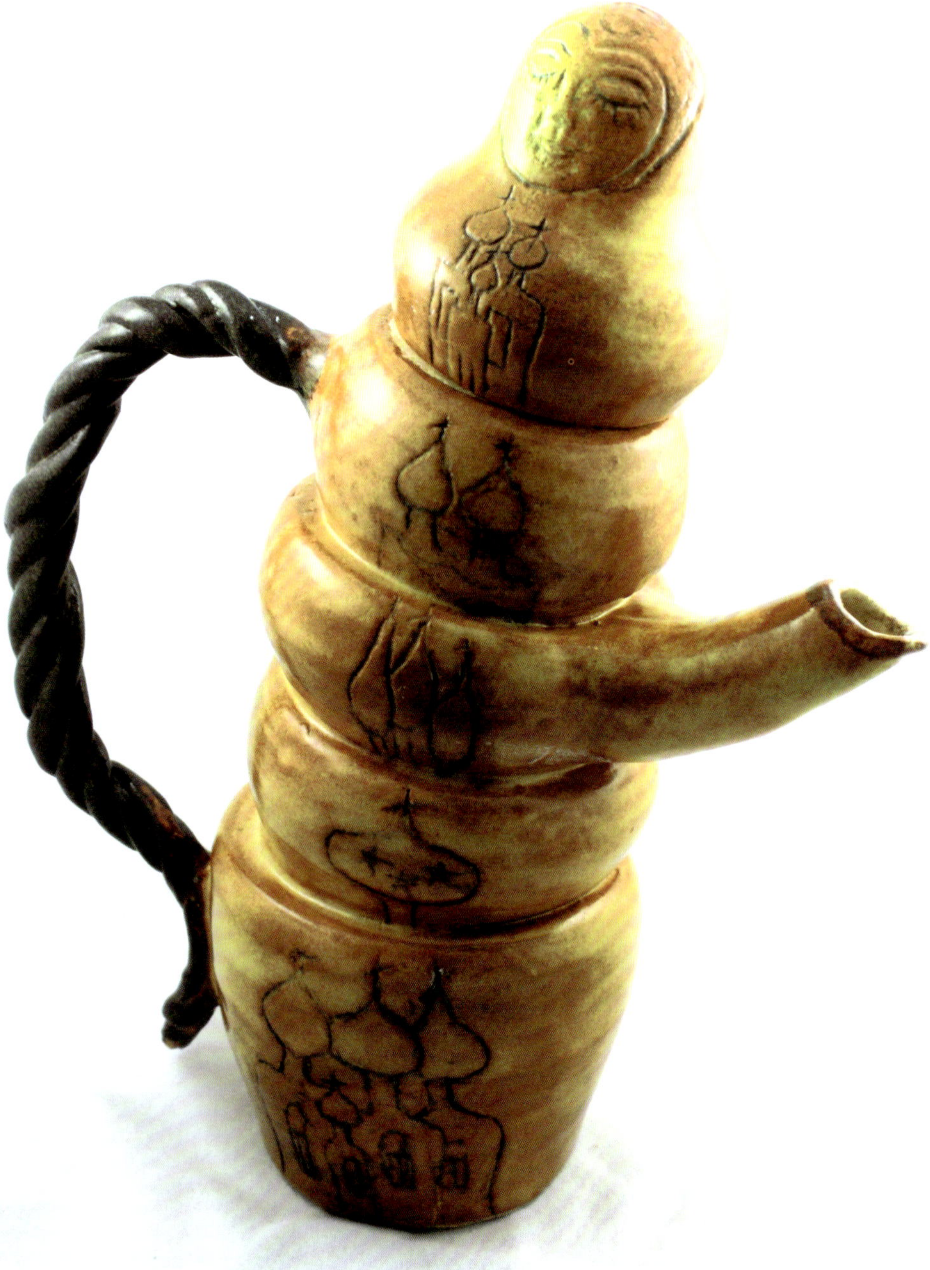

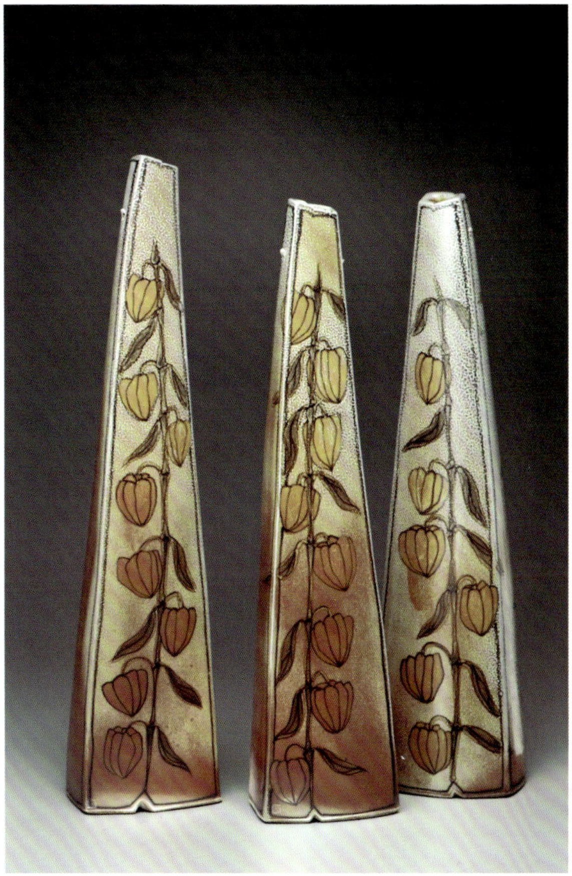
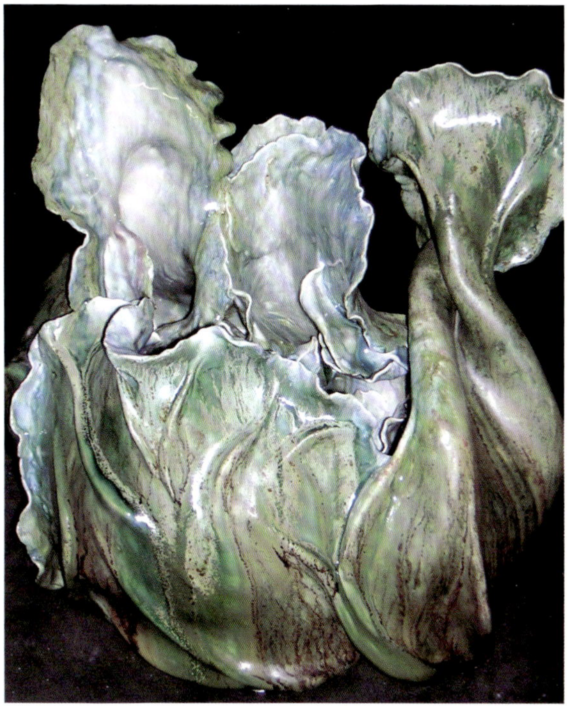
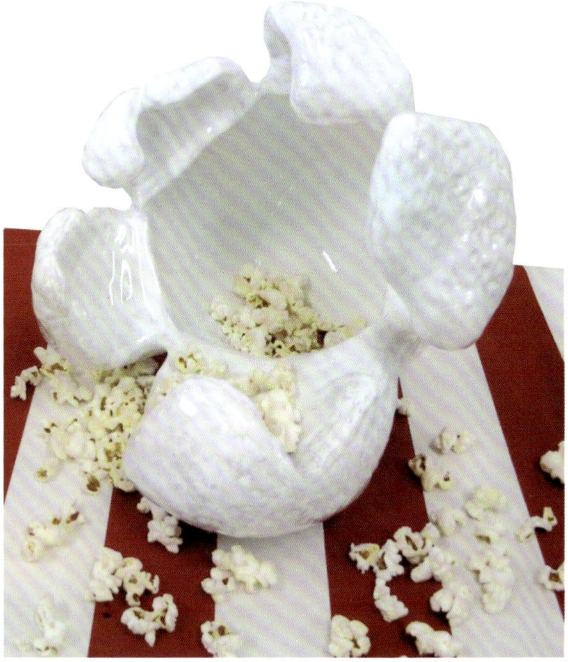
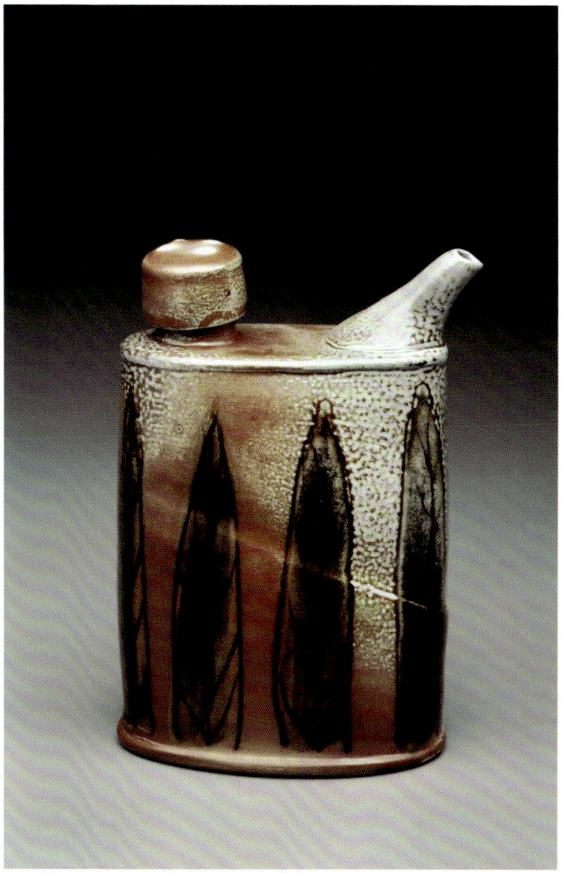

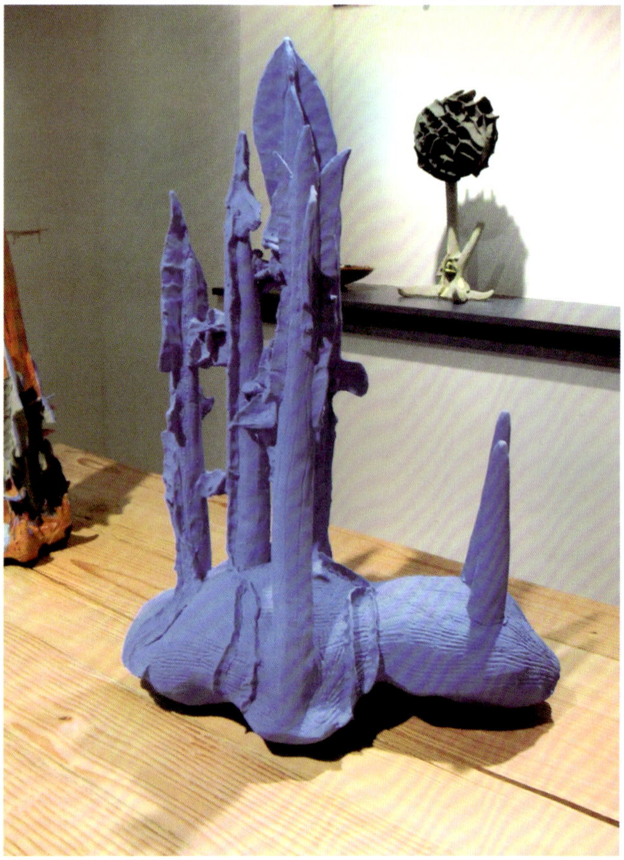

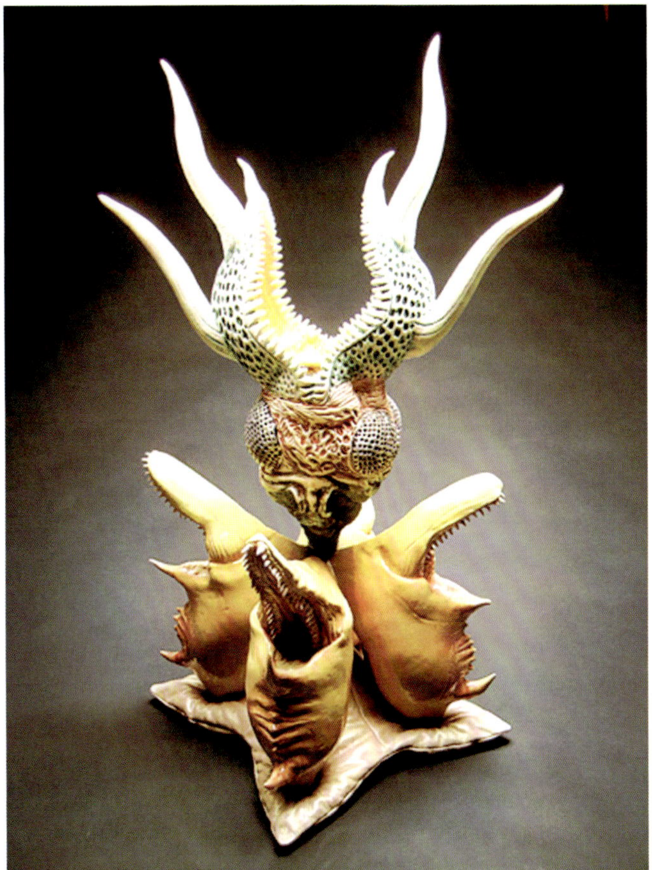

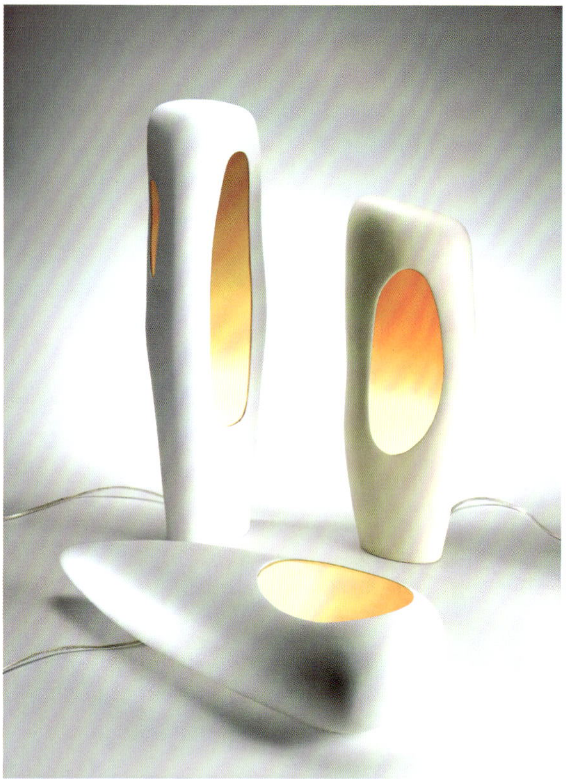

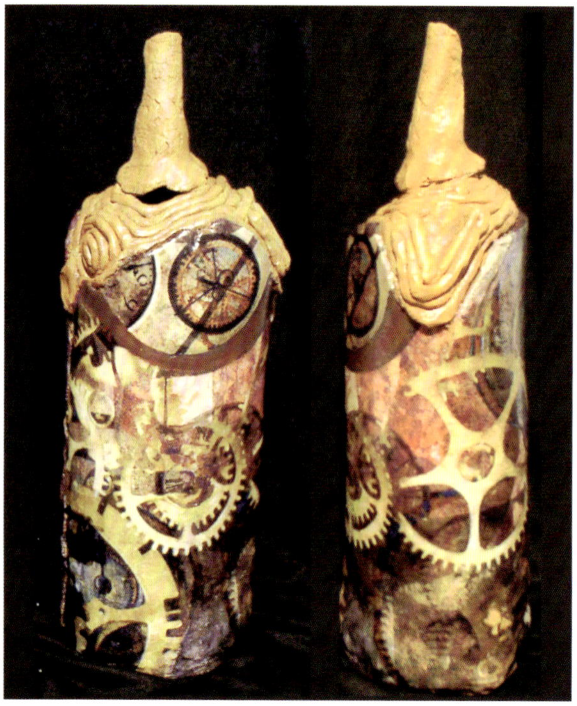

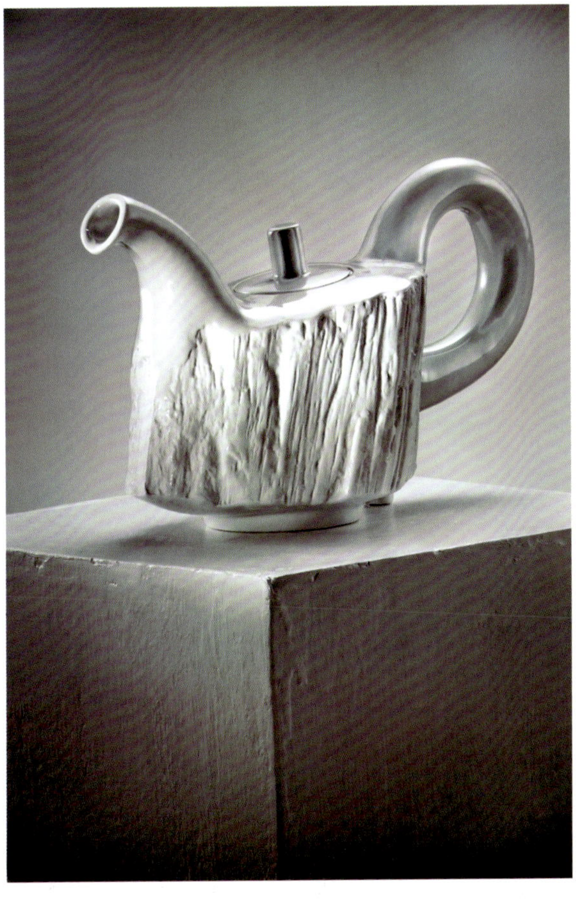

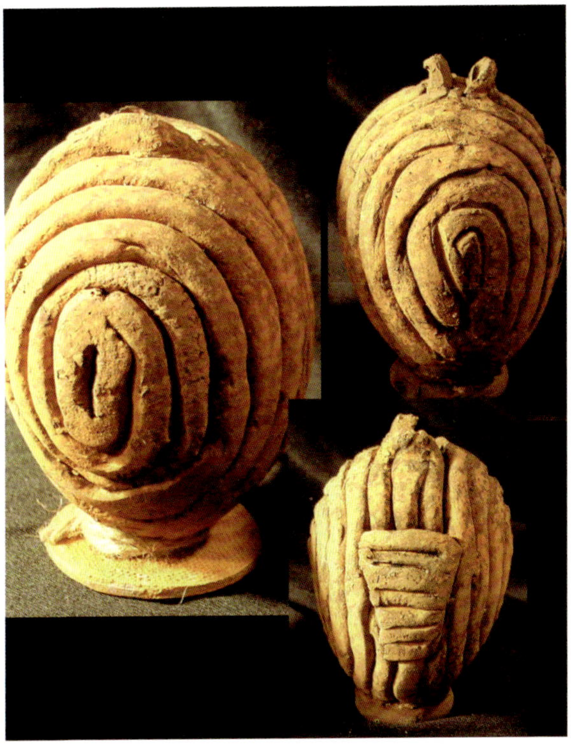

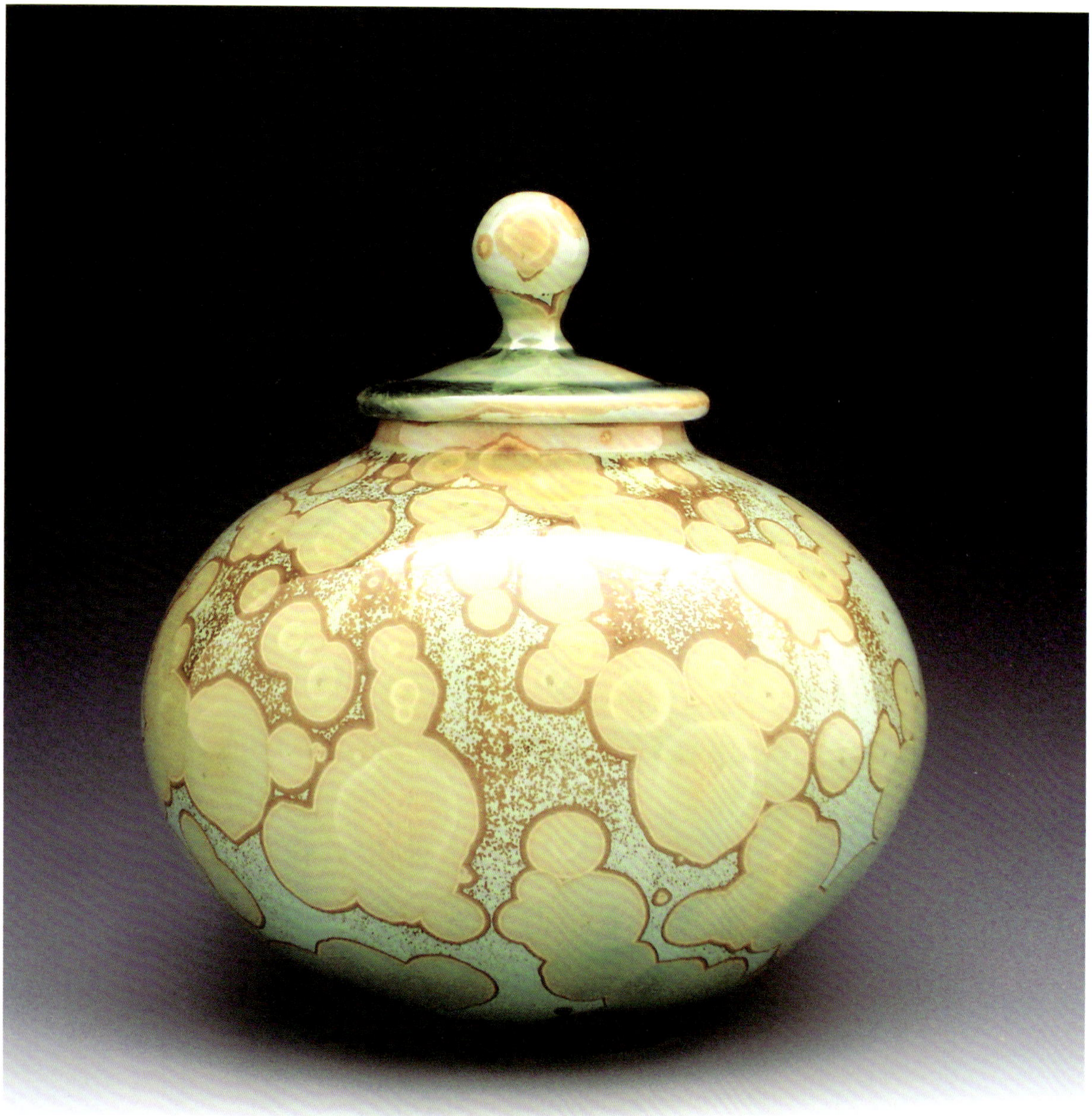

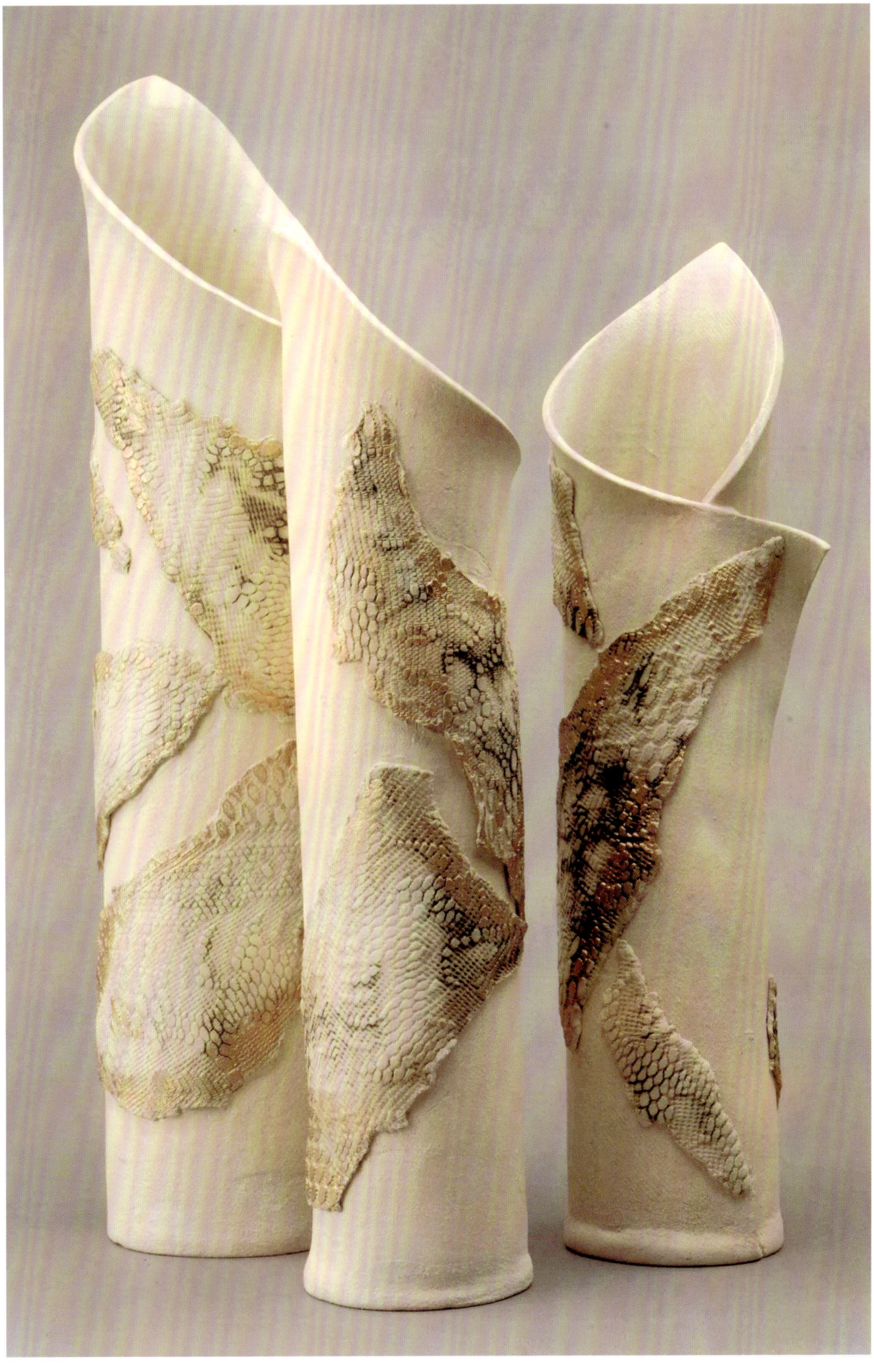

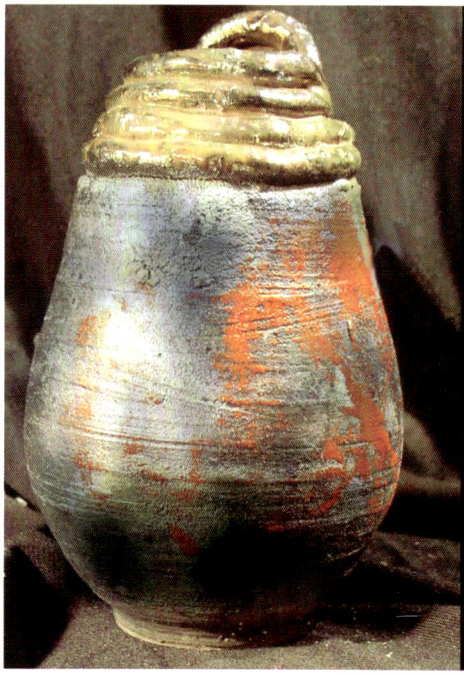
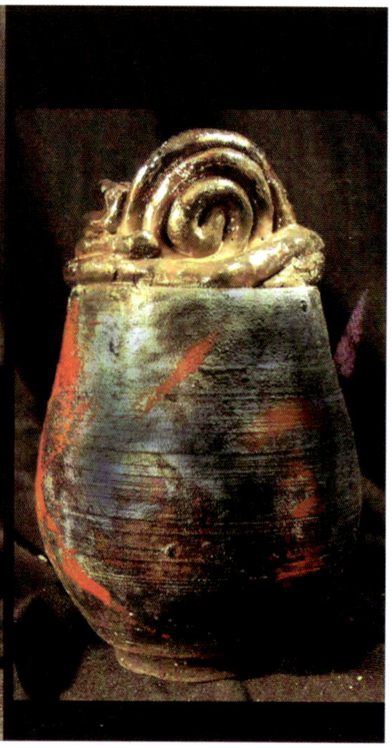
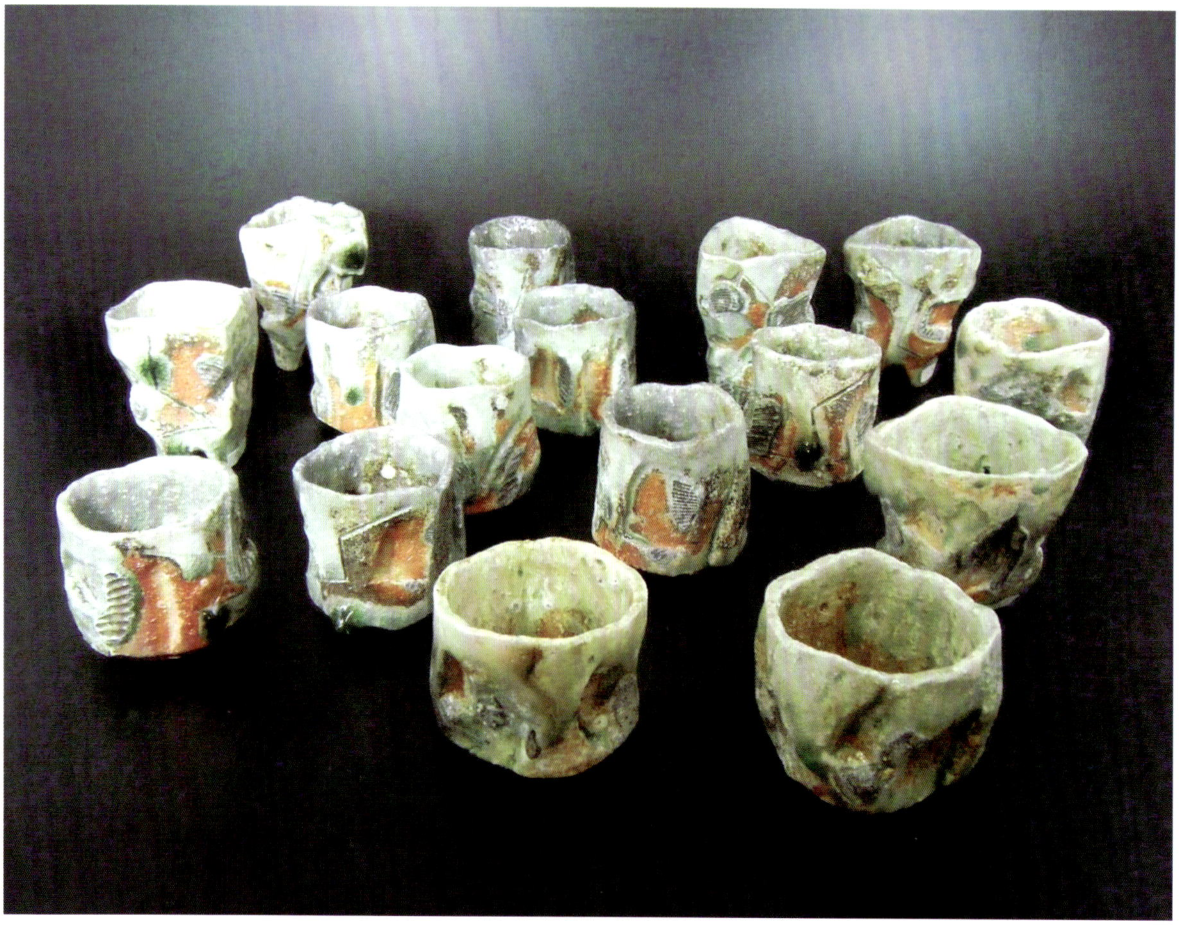

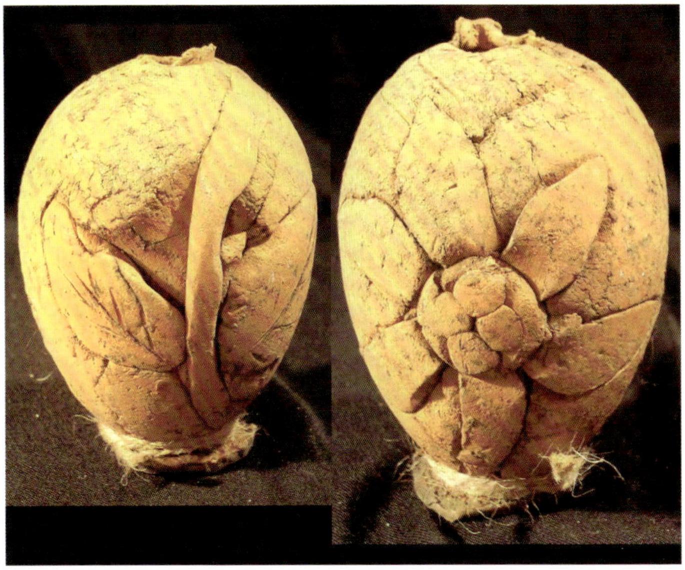

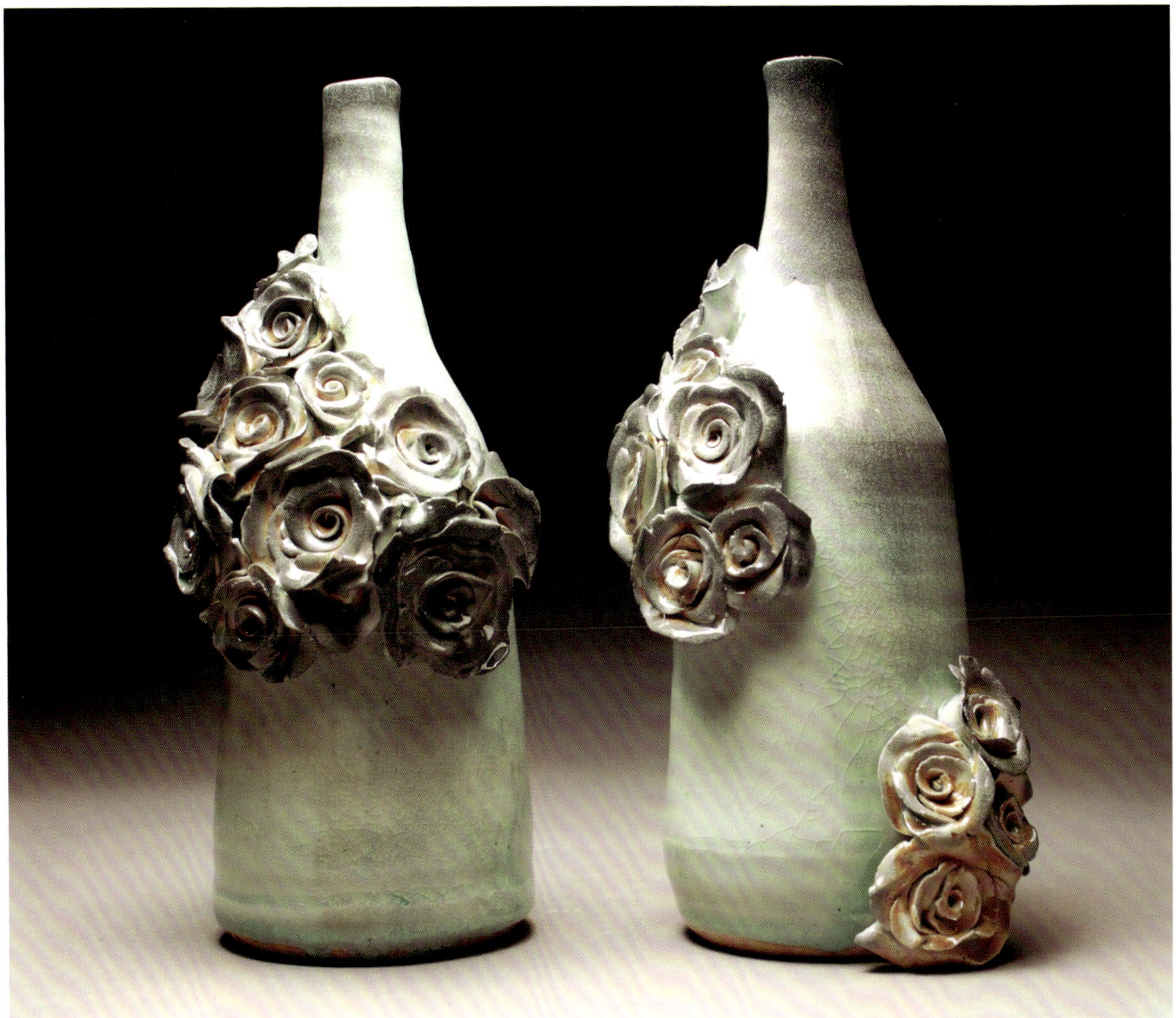

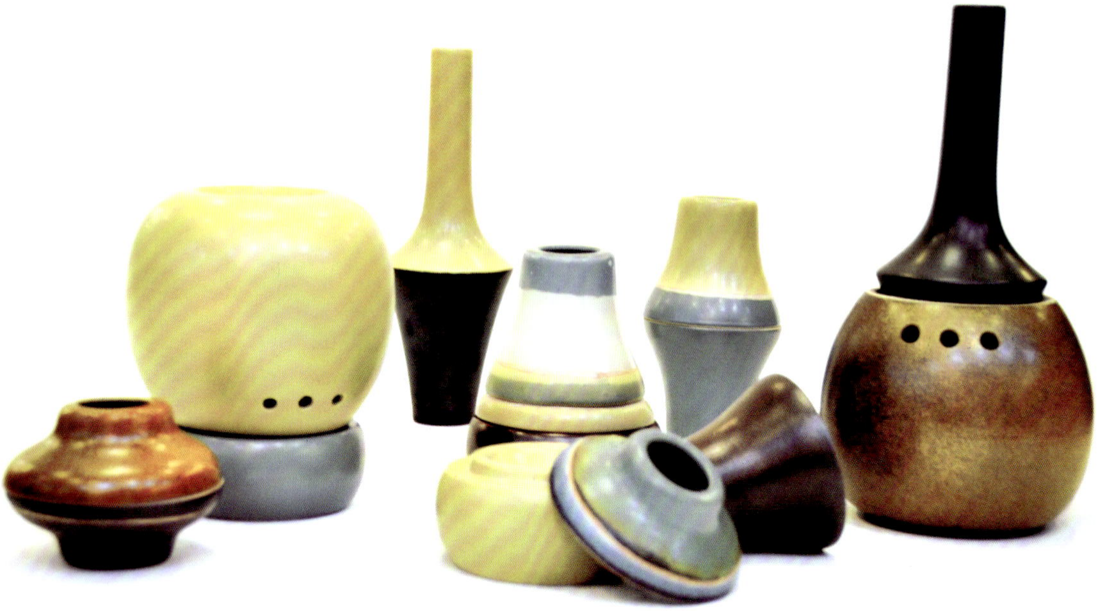

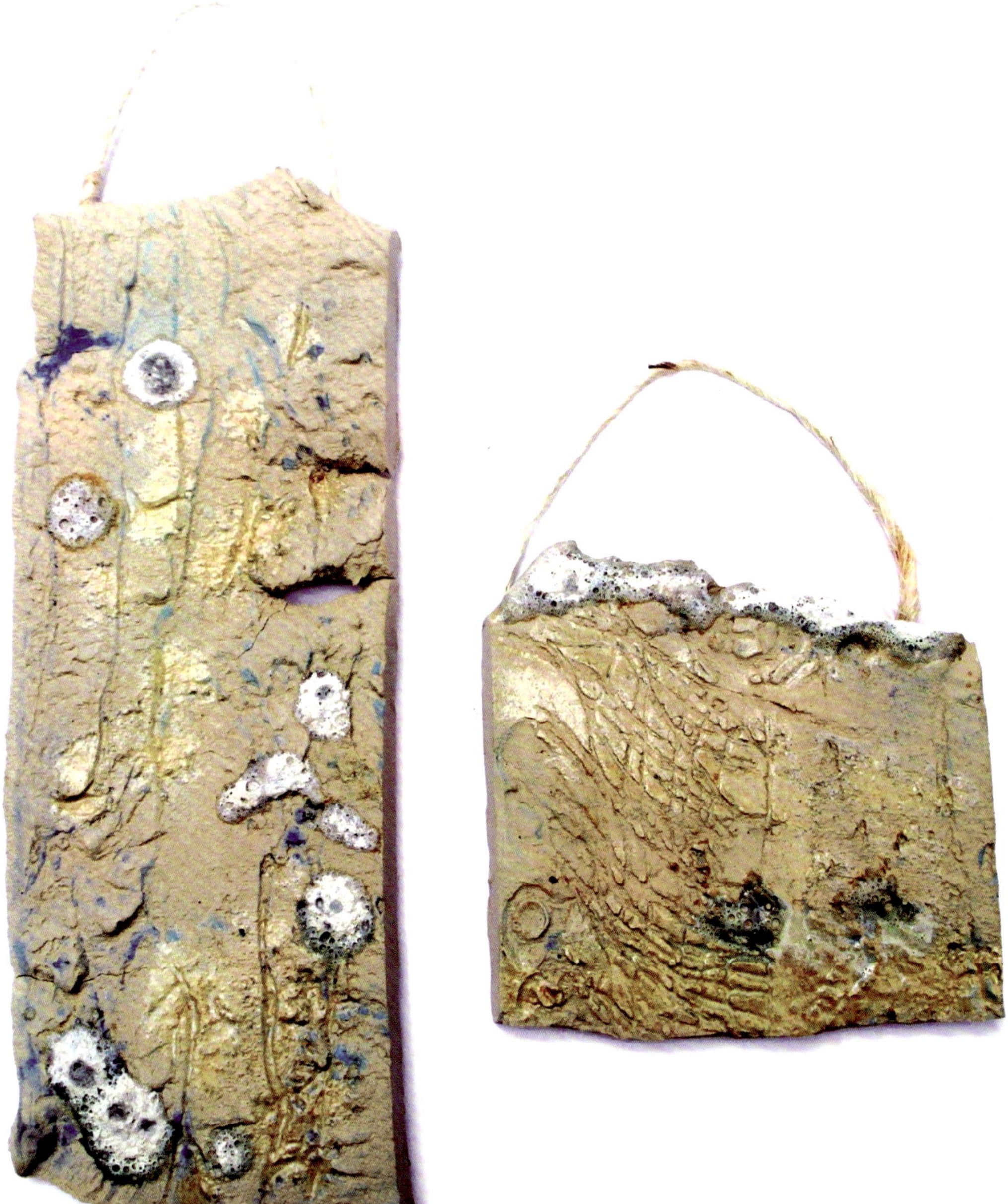

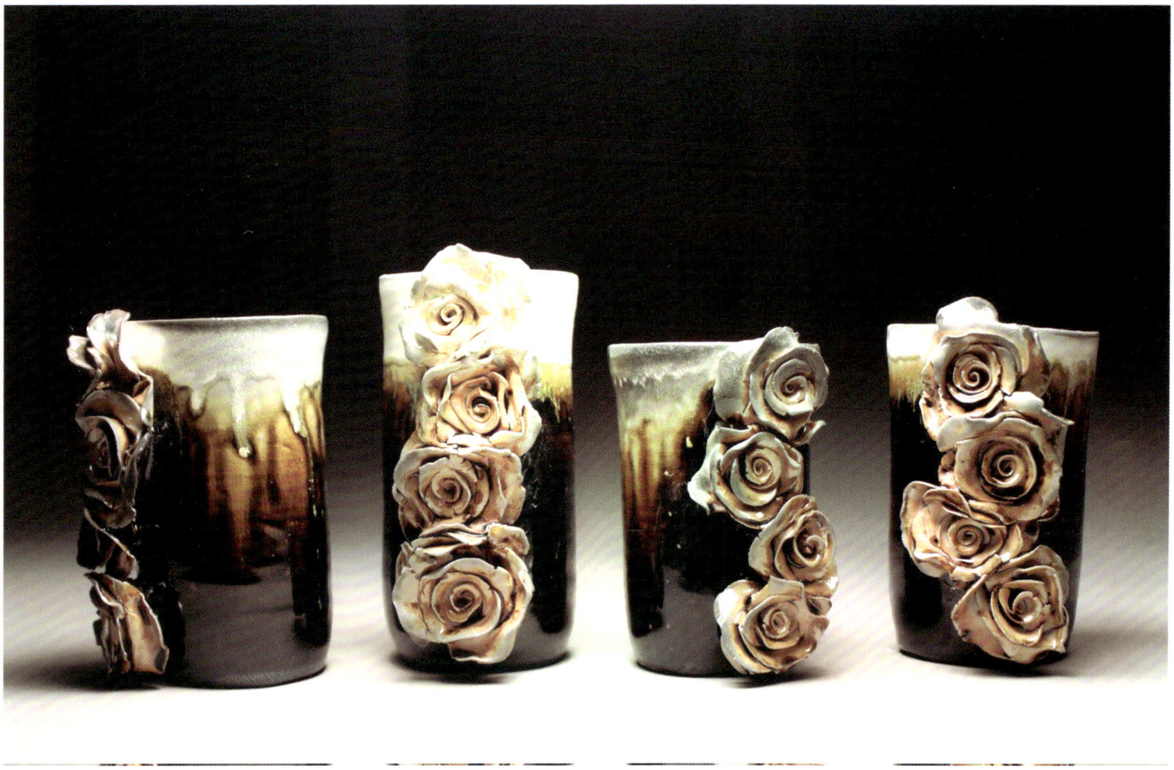

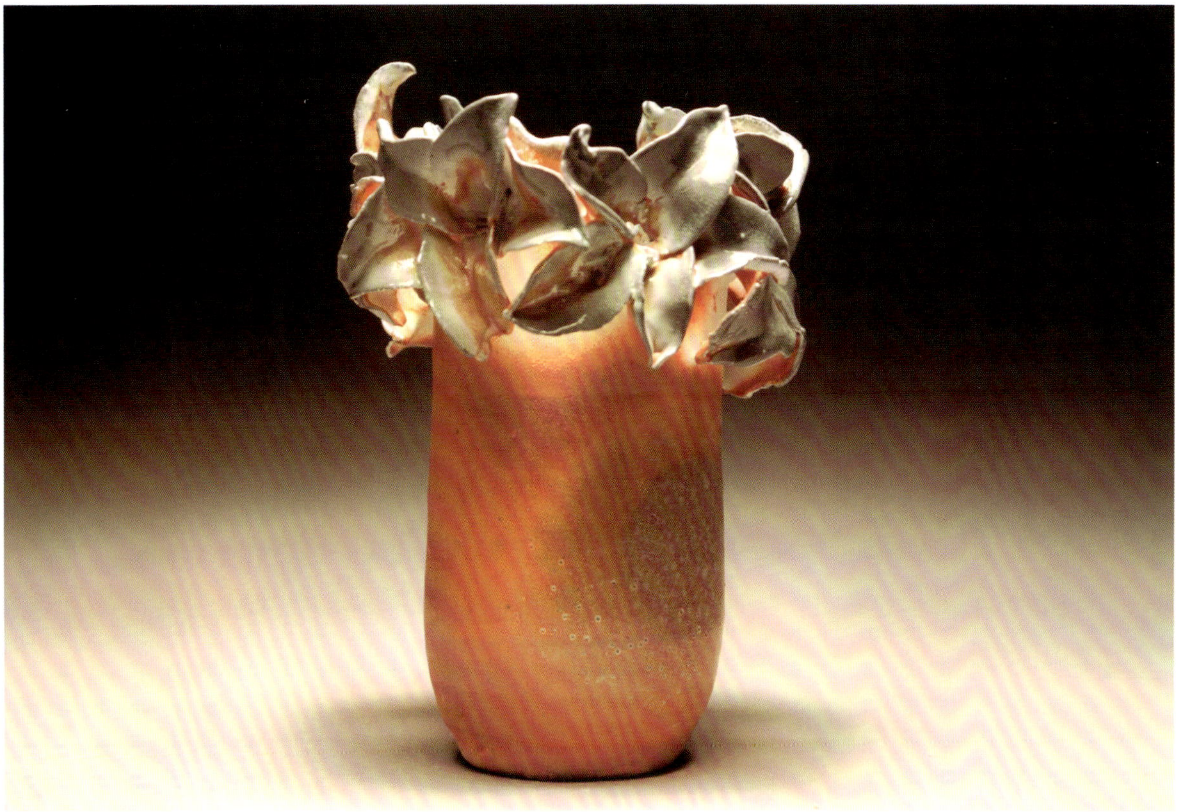

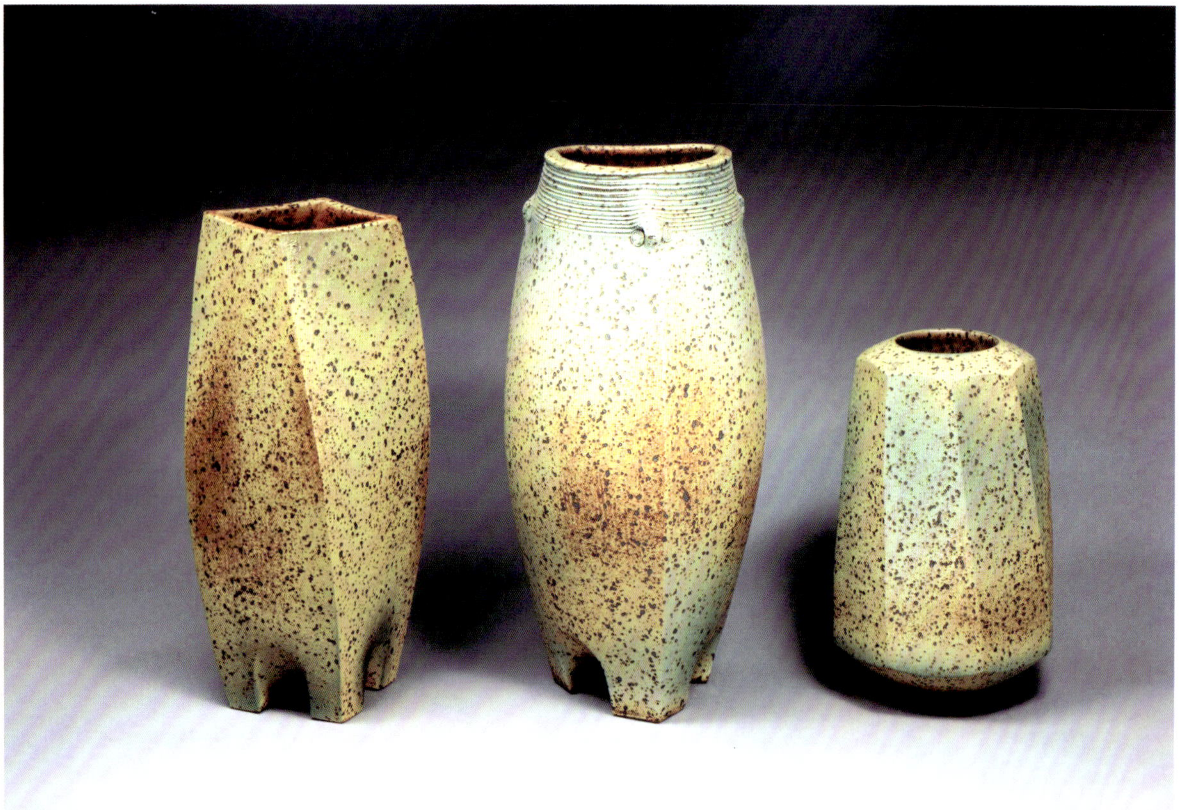